中国科技教育
China Science & Technology Education

联 合 出 品

少年科学阅读丛书

KUNCHONG MANHUA

昆虫漫话

陶秉珍 著

SPM 南方传媒 | 广东人民出版社

·广州·

图书在版编目（CIP）数据

昆虫漫话 / 陶秉珍著. —广州：广东人民出版社，2023.6
（少年科学阅读丛书）
ISBN 978-7-218-15574-6

Ⅰ.①昆… Ⅱ.①陶… Ⅲ.①昆虫学—少年读物 Ⅳ.①Q96-49

中国版本图书馆 CIP 数据核字（2021）第 279096 号

KUNCHONG MANHUA
昆虫漫话
陶秉珍 著

出 版 人：肖风华

总 策 划：徐雁龙
责任编辑：李力夫
责任技编：吴彦斌 周星奎
装帧设计：京京工作室

出版发行：广东人民出版社
地 址：广东省广州市越秀区大沙头四马路 10 号（邮政编码：510199）
电 话：（020）85716809（总编室）
传 真：（020）83289585
网 址：http://www.gdpph.com
印 刷：三河市中晟雅豪印务有限公司
开 本：880mm×1230mm 1/32
印 张：7.5 字 数：152 千
版 次：2023 年 6 月第 1 版
印 次：2023 年 6 月第 1 次印刷
定 价：38.00 元

“大师科普经典文库”总序

欲厦之高，必牢其根本。一个国家，如果全民科学素质不高，不可能成为一个科技强国。提高我国全民科学素质，特别是青少年一代的科学素养，是实现中华民族伟大复兴的客观需要，而做到这一点，科普工作的意义自不待言。

科普工作的目标就是要大众化，要有更多的人重视这件事、参与这件事，它是带有全局性的，他的广泛性和深入性是其他工作无法比拟的。

科学精神、科学文化、科学氛围被社会广泛认同，迫切需要科普发挥作用。科普是软实力，对提升全民科学素质、建设世界科技强国都非常重要。

对于青少年来说，我们要从培养兴趣和习惯入手。兴趣看似只停留于表面，实则是开启孩子大脑创新力、走好培养科学精神的第一步。

好的科普作品，对于青少年读者科学精神和科学思想的培养和教育，是大有裨益的。科学知识如浩瀚之海洋。海洋巨大，并非无源之水。它是由无数涓涓细流汇集成小溪小河，再汇集成大江大河，最后奔腾入海。一部好的科普作品就像一个好的导游，和读者一起沿着江河，溯源而上，进行一番探索旅行，引导读者去探求知识的源头，引导读者打开科学的大门。

“大师科普经典文库”系列，兼顾历史与当代名著，注重科学精神和科学思想的培养。精选的作品，既有在我国科技发展史上起到重要作用的科普名著，也有在国际上有较大影响、屡获殊荣的大师经典。

编辑出版这套系列丛书的目的，首先是向青少年读者提供一套展示百年来科学技术重要发展历程，且深入浅出、通俗易懂的科普精品，激发青少年对科学技术的兴趣；再者，是把分散出版的、淹没在书海中的零星科普名著集中起来，统一规格，以发挥其整体效应。

希望“大师科普经典文库”系列，能为青少年读者提供更好的阅读体验和更多的知识收获，也希望这套书能够帮助更多青少年读者迈进科学的大门。

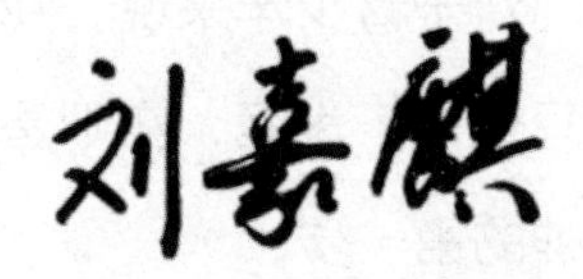

中国科学院院士

中国科学院地质与地球研究所研究员

目录 Contents

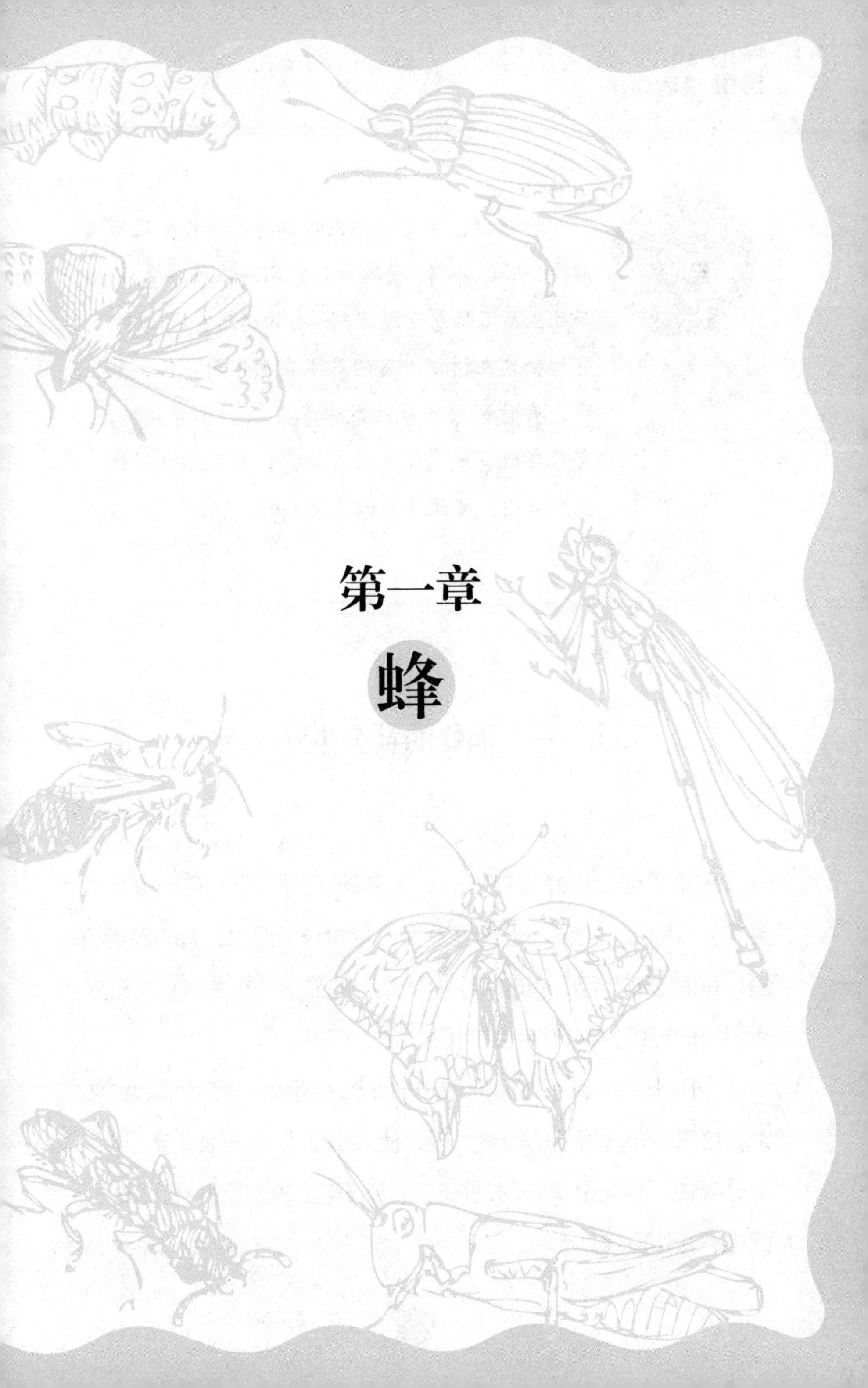

第一章

蜂

蜂家族，除了我们最为熟悉的蜜蜂，还有熊蜂、胡蜂、木蜂、泥蜂等。它们不但种类繁多，而且生活习性也千差万别：有的隐居在泥土中，有的栖息在树梢，有的寄生在虫体内。比如熊蜂，有时利用现成的鼠穴来筑巢。比如胡蜂，有时在地下筑巢，有时在地上。如果你也对这些感兴趣，那就快快阅读起来吧。

一　熊蜂的社会生活

昆虫里面，比蜂更有趣的，大概找不到了吧！它们不但种类繁多，而且生物学习性千差万别：有的隐居泥中，有的高栖树梢，有的随波漂浮，有的寄生虫体，有的孤栖，有的群居。现在我们只把习见的和有特色的几种，来大略讲一讲。

一阳来复，我们在郊原散步时，常有嗡嗡之声，从远方传来。这声音和报春鸟的啼声一般，使人知道春天已经到来，听了十分畅快。春天最早开的是梅花、山茶花。先到这些花上来的，就是熊蜂和蜜蜂。

熊蜂中，有翅膀暗灰色的圆熊蜂（*Bombus speciosus*），有长着橙黄色长毛的虎花蜂（*Bombus diversus*），有体型较大而腹部有黄毛带的大花蜂（*Bombus sopporensis*），有全身密披黑色长毛的黑圆熊蜂（*Bombus ignitus*），胸腹部密生黄灰色毛的黄花蜂（*Bombus lersatus*）等种类。它们都过着和蜜蜂相似的社会生活。

黑圆熊蜂

早春三月，熊蜂已从它们的越冬处出来，这时，它们拼命采蜜，缓解自己的饥渴。一到四五月里，熊蜂就着手造巢，并且替孩子们贮藏花粉和花蜜。它们造巢的地方，毫无规律，有时竟会利用现成的鼠穴，再开一条长长的隧道，通到地面。它们的巢，不像蜜蜂的巢有好多层，因它们分泌的蜡，比蜜蜂的蜡要软得多。

虎花蜂

圆熊蜂

蜜蜂社会中，有生殖能力的叫女王，但在熊蜂社会里，女王这个名称，略不适当，应该称为母蜂。为什么呢？因为熊蜂和人类一样发挥母性爱。当初只有它一只，自己造巢，自己到野外去采集花蜜、花粉和树脂，作为将来自己孩子的食物。它产卵（是受了精而越冬的）且保护孵化出来的孩子，自己看这些孩子羽化，飞出

大花蜂

黄花蜂

巢去。但蜜蜂的女王，不过是一种产卵机器，不发挥养育孩子、保护孩子的母性爱。母蜂造巢时，像前面说过，通常总是利用废弃的鼠穴，将草梗、叶片、藓苔等咬碎，混入树脂和蜡液，在里面造巢房。它们造巢之前，先到郊外去，用后足采集花粉，用蜜囊吸收花蜜，带回来，把后足采集的花粉抖落下来，和吐出来的花蜜滚成团子，这是未来孩子们的食料。这些团子做好之后，母蜂就环绕团子造一间小室，在里面产下十二三粒卵子。不久，又从背部分泌蜡液，将这间巢房（小室）的顶封住。同时，再分泌蜡质，造一个薄薄的壶，作贮藏花蜜用。这个壶宽约2厘米，深约4厘米，放在巢房附近。母蜂对于花蜜的贮藏，非常注意，因为是风雨之际的粮食。

巢房造成后，母蜂就静静地伏在上面，使卵子受热孵化。这时它总面向着巢口，留心外敌的侵入，简直和鸟类等动物的孵卵，丝毫无二。

卵子约4天孵化。幼虫将那些团子吃成千疮百孔。当粮食快要吃尽引起幼虫恐慌时，母蜂便再到野外去采集花粉、花蜜，回来后，它在巢房的盖上咬一个孔，将花粉或稍稍流动的花粉、花蜜混合物，从这个小孔丢在巢房里。母蜂不采集花粉、花蜜时，就伏在巢房上，使孩子得到温热。这时母蜂若觉得饥饿，便把口器插入蜜壶内，吸食从前贮藏的蜜。大约一个月，幼虫已成为工蜂，能够帮助母亲采集花粉、花蜜，蜜壶就丢在那里不用了。

花蜂的蜜，比蜜蜂的蜜要稀薄一些。花蜂的幼虫呈白色无足，头部特别大。孵化后，再经六七天，幼虫就吐丝造成坚固的像纸做的茧，然后化蛹。巢房的中央，微微凹陷，是母蜂曾经静伏着保护孩子的地方。即使孩子们已经化蛹，它依旧伏在凹处，为蛹提供温度，绝不飞走。到了孵化的第二十二三天，幼蜂就出来了。这时母蜂还负保护之责，替幼蜂将茧上的出口，开得大一些。第一次羽化出来的花蜂，全是工蜂，比母蜂要小得多。这些工蜂一出来，母蜂便把采集花粉、花蜜的责任交给它们，自己再另造巢房产卵。此后陆续出生的也全是工蜂，到了中夏，母蜂才产将来可成雄蜂和母蜂的卵子。

秋天，母蜂衰老，工蜂就代替其产卵，但全是雄卵，所以这个巢不久之后就要灭亡了。秋天，我们看到的大花蜂，多是母蜂。雄蜂虽然也经常看到，但比母蜂稍小，略带黑色，尾端没有毒刺，是很容易分别的。雄蜂虽然在野外吸食种种花蜜过日，但到早霜一降，便一命呜呼。工蜂不久后也死亡，留下的只有将来可以做母蜂的生殖器发达的女蜂。

那些位于地下的巢，比较大，有时包含170只雄蜂、560只女蜂、180只工蜂。但是，地上的巢中，蜂数较少，大概只有地下的一半。一只越冬的母蜂，子孙往往增加到三四百只。蜂群的兴衰受气候的影响不少：在亚热带地区，花蜂无须冬眠，继续不断地经营社会生活。反之，在北极寒冷的地方，花蜂都过独栖生活。

花蜂最大的敌人，便是要偷蜜吃和咬破育儿巢房的野鼠。

所以除气候外，对蜂群影响最大的，便是这个地方野鼠的多少。达尔文曾经用猫和苜蓿的关系，来说明生物界的关联生活。而花蜂也是其中的一环。现在只讲个大概，来结束这节。

苜蓿花的受精结实，全靠花蜂的媒介传播，而花蜂的繁殖，又常受野鼠的妨害。可是，侵害花蜂的野鼠，又要被猫捕食，繁殖大受限制。所以养猫多的村庄，苜蓿最能繁殖。

二　做百虫之王的胡蜂

胡蜂性情凶猛，不论蝶、蛾、青虫等，若在它们身边，便任意杀戮，不妨称为百虫之王。胡蜂种类很多，最普通的是全身生黄褐色毛的凹纹胡蜂（*Vespa velutina auraria*）和拖着两条长腿的拖脚蜂（*Polistes hebraeus*），以及腹部有黄色细条的黄边胡蜂（*Vespa crabro Linnaeus*）和翅膀暗褐、全身黑色的黑胡蜂（*Phynchium flovomarginatum*）等。

胡蜂造巢的地点在地下和地上都有：有像大胡蜂和黑胡蜂造在地下的巢，也有像拖脚蜂和凹纹胡蜂造在地上的树枝间的巢，地下的巢多呈片状，树枝间的巢都呈球形。

春天，经常见到胡蜂飞到屋里来，这是它们在找寻宅地。找定地点后，如果是枝间巢，便在枝上造一个坚固的柄；若是地下巢，胡蜂便用坚硬的大腮，先将地面的木片、细枝、草屑、小石子等扫除干净，再开掘，遇到树根之类，将它咬断做成一个强韧的柄子。这些是造巢的准备工作。

接着，胡蜂去寻找枯树或朽栅，用大腮啮下几片，嚼碎，混入唾液，于是便成制纸工厂中的木浆了——可能在我们未发明用木材造纸之前，蜂早已实行。胡蜂将木浆运回，在柄子周围一涂再涂，直至涂成一张薄片，这就是巢的基础。木浆用完时，它再飞到原处，重新咬嚼木片，制成新木浆运回，在薄片中央做4个下垂的房，又赶忙在这4个新建的房里，各产1粒卵子，再做1个伞状的盖，罩住全巢，在下方开一个出入口。此后，它不断地将木浆运回巢中，在4间房子的周围，依次建造更多的房子，当薄片铺满时，第一层房屋就宣告完成了。建造在地下的巢，它出巢时常把泥屑带出来，可见是一面掘穴，一面把巢扩大的。而且它们的巢，不分层次，向四周扩张，呈一片状。胡蜂的巢房，不像蜜蜂这样悬挂，而是水平排列，换一句话说，蜜蜂的建筑是垂直式，而胡蜂的建筑是水平式。

巢还没有扩很大时，当初产在4间房中的卵子，已经孵化。此时，胡蜂就放下建筑工程，替孩子们到野外去采集食物。才刚孵化的幼虫，小得很，所以食料也只是些软嫩的蚜虫、青虫等，胡蜂将食物咬碎，做成团子，才给幼虫吃。有时，也给幼虫喂一些花粉、花蜜。房口虽然向下，但因为有一种胶质物将幼虫的尾端黏住，所以幼虫不会落到地面。

然而，女王一面养育孩子，一面增加房屋，顺便产下新卵子。孩子一天天大起来，所要的食物更多，它就不管什么昆虫，看到便捉。运回巢后，嚼成肉酱，给孩子吃。有趣的是牛肉店和猪肉店，它也常常光顾，弄得伙计们手忙脚乱。胡蜂学会吃牛肉、猪肉，还是近几年的事，大概它们起初是为了捕捉肉上的家蝇和肉蝇而到店里来的，偶然发现美味的牛肉、猪肉，知道鲜肉养分很多，最适宜喂养孩子，于是捕蝇的益虫，变为掠夺鲜肉的“害虫”了。

巢中建成20多间房时，第一次的幼虫已经老熟，将自己吐出来的丝，封住房口，在里面再造一层盖住，于是，这间房就成藏蛹的茧了。孩子一到造茧的阶段，母亲就不再把它放在心上，只努力养育其他的孩子和建造新巢房。

此后再过10天到12天，最初孵化的4条幼虫，已化蛹成为工蜂，当羽化时，这只年轻的蜂，能够自己咬破茧盖，不必母亲提供帮助。这4只工蜂一出来，女王当然喜欢得不得了，因为它不必再到野外去替孩子们采集食料，一切由这几只工蜂负责。

女王自己建造的房子，只有最初的20多间房，等到工蜂一出来，便咬破巢的外套，将巢扩大。同时，又在巢的中央，向下方建造一根称为中轴的柱，在末端造三四间房，再逐渐在周围增添，于是第二层房子又大功告成了。再把中轴延长，建设第三层、第四层的巢房。大的胡蜂巢，竟有50层之多，简直和纽约的摩天楼相差无几了。在中央的一层，面积最大，上面有三四千间房。这些房，在夏季，至少有3次，有时是5次，被当

作孩子的摇篮。羽化的蜂一出来，别的工蜂，便把房盖和蛹壳扫除，让女王再去产卵。产卵的顺序，是从中央到外侧，再回到中央。

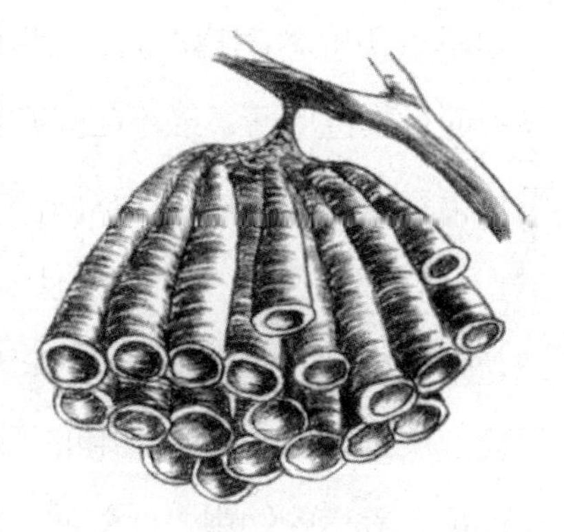
拖脚蜂的巢

到秋季将近，最下面的二层，便有几个大形的房建造起来。这些房的盖，常呈球形，不像工蜂房是扁平的。这些房里藏着将来成为女王的幼虫和成为雄蜂的幼虫。前者因得到富于养分的食物，变成女王，作为传种的基础，和蜜蜂丝毫无异。这时，巢的外罩，成了倒立的花瓶形，有八九张纸这样厚，这是几千只工蜂共同建造的。

拖脚蜂的巢虽然也造在树枝间，但只有一层，而且没有外罩，这是我们常在灌木丛中看到的。

三　残杀同胞的胡蜂

在烈日炎炎的夏天，工蜂为了养幼虫和女王，仍旧急急忙忙地在巢口进进出出。除狂风暴雨的时候，它们从早到晚，不休不息地工作。到夏末秋初，枝头的果子成熟，工蜂便吸收果中液汁来饲养幼虫。

早霜初降，胡蜂的丧钟便响了。它们不像蜜蜂会藏粮食过冬，而且巢也单薄，经不起风吹霜压，所以除全巢覆没外，委实没有第二条路。而且，在这时还会上演几幕杀戮同胞的惨剧呢！

秋季，天气一冷，女王便停止产卵。工蜂把稍微长大的幼虫，拉出巢外，留出间隔，将它们排成一行丢弃。这些幼虫，都是会变成维持这个巢的有用的工蜂，但奇怪得很，一直受工蜂周密保护和养育的幼虫，此刻便无罪无过地被杀戮了。因为一个巢里至少有6000只工蜂，气候渐冷，采粮不易，容易引起恐慌。于是，工蜂知道巢里的幼虫，最终无法养大，好像得到某种命令似的，大胆地将幼虫杀害。这时，全巢大混乱，毫无秩序，新出来的工蜂，口衔了幼虫往外拉，老工蜂茫然地看着。

也许有人会这样想，留在巢里同归于尽不好吗？何必要拉到巢外，再加以杀戮呢？这不是太残忍吗？其实工蜂不知道什么叫残忍，什么叫慈悲，一切行动，都受维持种族的原则支配。这时，将来做女王的雌蜂，快要羽化，让幼虫死在巢里腐败，不是很好，所以必须把巢内扫除干净。一到秋末，新女王和雄蜂出来，这时老女王早已死去，连遗骸都找不到。

胡蜂的女王，和蜜蜂、白蚁的女王不同，它不和其他巢的雄蜂交尾，只在巢内或巢边，和同巢的雄蜂交尾。不久雄蜂也死去，女王寻得枯树的空洞，或其他温暖而隐蔽的地方越冬。这时，它常把木片、树皮、草屑等，紧紧咬着。我们在9月或10月看到的胡蜂，有不少是雄蜂，11月看到的，大半是准备越冬的女王。

此外胡蜂还有几种特别的习性，在这里顺便说一说。

胡蜂有好清洁的习性，常用前肢拂除身上的尘埃，所以寄生在胡蜂身上的细菌很少。当胡蜂从巢孔出来，向野外飞去时，必定在自己巢上打旋，起初是小圈，逐渐放大，最后向自己的目的地，一溜烟飞去。这种回旋飞翔，无非怕回来时遗忘了自己的家，所以特意看定某种标识，记在脑里。回来时，恰恰和出去时相反，由大圆圈逐渐缩小，而到巢孔。它们的巢，起初不过同鸡蛋那么大，慢慢地扩大，到中秋前后直径已经超过60厘米了。

四　钻木的木蜂

春风乍起，雌雄木蜂就从越冬场所出来了。木蜂（*Xylocopa circumvolens*）形状和花蜂相似，身躯伟大，感觉毛不多，全身黑色，只有胸部背面呈黄色，所以一看就能分别。木蜂还有一点和花蜂不同的地方，就是木蜂雌雄两种都是要越冬的。

它们常常在木材上钻洞、造巢，所以又叫作木匠蜂。钻洞时，枯木比活树容易些，所以它们总挑选森林中的枯木，绝不去加害活树。可是，有时候它们飞到我们的家里，在栋、梁、柱、栅等上，胡乱钻洞造巢，那就变成大害虫了。温带地方，这种蜂不多，还没有造成什么大的危害。若到印度、爪哇等热带地方去看它们的“成绩”，真是要吃惊。一段小小梁木上，竟然被这蜂钻了三四十个洞。若是狂风一刮，这屋自然要倾倒。不仅家里的梁柱，有时连郊外的电杆和篱柱，都有它们的“成绩”。

木蜂总是用它的大颚钻洞，锯屑纷纷落下，在地上堆得高高的。这洞实际是一种隧道，直径5分（分是市寸的十分之一，1分约合0.33厘米），斜斜地横着，稍稍进去，又折而向上，或向下达到1尺（1尺约合33.33厘米），或1.5尺时，再改变方向，一径钻通背面。它再用唾液，调制锯屑，在离入口约1寸（1寸约合3.33厘米）处，做一隔壁，产下一卵，周围再放些可作幼虫食料的花粉、花蜜，这是第一室，常在穴口。接着再隔出第二室，照样产卵。一条隧道，大概隔成十几间小室，垒作孩子们的安全摇篮。

这里就有问题要发生了，若里面的蛹，先羽化成蜂，而近穴的还是蛹或幼虫，它不会跑不出来吗？母蜂早早就注意到这点，所以它产卵必定从第一室起，挨次上去，当它建设最后一间巢房而产卵时，第一室的幼虫已经头向下方而化蛹了。所以挨次孵化，挨次化蛹，挨次羽化为蜂，咬破隔壁，循着同一条隧道而飞出，丝毫不会发生冲突。母亲替儿女们着想，真有这么周到啊！

木蜂

5月，藤花盛开，木蜂也纷纷飞来，嗡嗡地在花间舞个不休，真是丽春的点缀。它们，粗粗一看，身成熊形，而且振翅发声，又像大胡蜂，不免使人害怕，其实，是很平和的蜂，除非你去它的巢穴外搅扰，不然它绝不胡乱刺人。木蜂不像熊蜂那样组成团体，它们是孤独生活的。

五　泥蜂的建筑技术

泥蜂大概呈黑色而有黄纹，又可分腹柄细长的，或不细长的两种，它们都要吸食伞形科等植物的花汁，在石上，墙隅、枝上、树皮下等处，用泥造巢，它们的巢，普遍同樱桃一般大，也有拳头大的。

蜾蠃（*Eumenes poher wasp*）因为肚部呈酒瓶形，所以又叫酒瓶蜂，分布在中国、日本、欧洲等地方。它们造巢时，先衔直径约3毫米的土块回来，用前脚仔细地涂抹唾液，这时土块依旧用口衔着。这个土块是已经用唾液练过的，所以一会儿巢底就涂成了。此后大约每隔四五分钟，它衔土回来涂一次。巢完成三分之二时，它带了一条被它麻醉了的青虫飞回来。

把青虫放进巢，蜾蠃再开始运土。大约一共耗费3小时，一个石榴形的泥巢就完成了。蜂从顶上，将尾部插入产卵，经两三分钟产毕。卵是长椭圆形的，长约3.5毫米，宽约1毫米，带乳白色。有趣的是，它们的卵，竟用丝临空悬挂在巢内，这是

蜾蠃和它的巢

因为巢内的青虫还没有死亡，怕卵子被它压破。蜾蠃产卵完毕后，再去衔一块泥回来，将孔塞住。卵不久孵化而成幼虫，吃青虫长大，作茧过冬。第二年初夏，茧化成蛹，再变成虫，在巢边穿孔而出。

研究泥蜂造巢，是一件有趣味的事：它不但会选择土块，而且同人类搅拌混凝土时一样，里面也混些石子。造巢用的土，大概从坚硬结实的道路边和干燥的高地上运来。它最喜欢的是砂岩土，比如石山上的土片是常被它利用的。泥土若不是十分干燥，不管混入多少唾液，也不会像混凝土般凝固，当连着几天降雨时，就有崩坏的危险了。

它混入的砂粒和小石子，形状和质地，当然不同，有的是球形，有的是多角，有的是石灰质，有的是石英质，但重量和大小全都相同，真让人不得不惊叫起来。巢的内部，怕幼虫要砸碰，它竭力做成平滑的，若有突起处，用练泥一涂就平滑了。进出口呈喇叭状突出，这部分竟全用水泥构成。它们在人类未能制造水泥之前，早已利用水泥造混凝土了。而且，这样圆顶的巢，总是五六个连排着建造的，因为壁面可以互相利用，比较节省时间和劳力。

法布尔认为泥蜂的巢，有把建筑工程艺术化的倾向。这巢是它们孩子的保护所、城堡，照理只要牢固，不要美观。但是，出入口做成喇叭形，对于巢的保护，有什么作用呢？无非是一种装饰。而且这种艺术性的曲线，希腊式的优美的壶口，简直像由技工旋盘造成的。它们嵌在上面的透明石英，也是晶莹悦目。有时还在巢顶加上一个小蜗牛的脱壳，这和我们在器具上嵌螺钿没有什么差异，和澳洲所产的小舍鸟，用蜗牛壳、美丽的种子、石子，装饰它们的游戏场很相像。

六　奇妙的切叶蜂

蔷薇和梨树的叶子，有时边上会被挖去一大块，这就是切叶蜂的“杰作”。切叶蜂（*Megachile doederleini*）是呈黑色、胸部密生黄褐毛、翅紫蓝色、脚黑色的中形蜂。它常常从植物的叶上割取圆形或椭圆形的一块，衔回来做巢里的衬垫和隔壁，所以有“切叶蜂”这样一个名字。

它们的巢，先在树木的干中和泥里，开一条长约1分米的隧道，有时也利用柳树中天牛的空巢作为自己的巢。隧道开好后，再飞到蔷薇、梨树等叶片上，抓住叶缘，用大颚像剪纸般剪下圆圆的一片，运回巢去。最先割来的叶片，最大，

切叶蜂

稍呈椭圆形，在洞口附近，将它做成圆筒状的袋子，一直推到洞底。之后，再去割三四片来（稍小，呈圆形）挨次垫在圆筒形袋子的里面。于是，它再飞向花间，用后脚采集花粉和花蜜，附在腹下带回来，塞在这叶片筒里。然后，再产一粒卵，割取一片最后的叶片，做这个圆筒的盖，这样大功就告成了。此后，再在第一房的上面，同样地建造第二房，有时八房、十房，呈直线地连接着，也有各房分开建造的。卵孵化后，幼虫就吃替它贮藏的花蜜，再吃花粉团子，经过2个星期左右，吐丝作茧，化蛹越冬，到来春再羽化为成虫。奇妙的是，切叶蜂贮藏的食料，恰好能够养大一条幼虫。

七　棉花蜂和采松蜂

花蜂中有一种叫花黄斑蜂（*Anthidium florentinum Fabricius*），黑色的身躯，上面有10条黄纹，雄性的尾端有几根锐利的突起。这种蜂一般生活在温暖的地方，六七月里，常聚集在唇形科和豆科植物的花上。生活在欧洲的这种蜂，常用棉絮似的植物纤维做巢盖，所以又有棉花蜂之称。它们发现适于造巢的地方后，就从附近的植物上咬取棉絮似的物质，用脚抱回巢，这是衬垫筒状房用的。这些絮状物质，多从水苏、矢车菊等的叶中啮取的。它担心絮状物容易散开，所以又钻入絮状物中，用黏液将絮状物固定在巢底。巢造成后，就贮藏食料，产下1粒卵子，再用同样的絮状物塞住孔口。

刺蜂（*Dicolor*）是欧洲产的一种切叶蜂。有衔取松叶、遮盖内有巢房的蜗牛壳的习性，所以又可叫作采松蜂。当它们发现可以造巢的蜗牛壳时，便去衔取比自己身子要长好多倍的松叶来，左右前后、密密地将蜗牛壳盖住。松叶的数量，普遍为20根至30根。造巢的准备工作完成后（大约耗费1.5个小时），它再飞到野外，衔取蒿、藓苔等和卵子以及将来幼虫要吃的食料，一同放在壳内。第一个巢完成后，它依次建造第二个、第三个巢。

八　过寄生生活的小蜂

蝶在娇艳的花朵上飞舞，青虫在鲜绿的叶间匍匐，谁都认为这是一种悠闲平和的生活。但这只是表面的观察，其实蝶时时受着寄生蜂这种可怕的敌人的威胁，能够终其天年的很少。

寄生蜂种类极多，若调查起来，仅法国就有几千种！它体型微小，常人不大能注意到它，假如了解了它们寄生生活的真相，不禁会打个寒噤吧！

寄生蜂中，有的专寄生于种种昆虫的卵，有的是幼虫，有的是蛹和成虫。寄生于卵的蜂，多是寄生蜂中最微小的。寄生于稻子的害虫二化螟虫卵中的红色螟卵蜂，体长只有0.5毫米。它们飞到产在稻叶上的二化螟虫的卵块上来，用产卵管刺入卵中，各产1粒椭圆形的卵。不久卵孵化成幼虫，吃螟卵的内容物长大，大约一个星期化蛹。这时卵的内容物差不多已经被幼虫吃完了。再过两三天，幼虫化为成虫，把蛹咬一个洞向外界飞出。因为红色螟卵蜂能够吃螟虫的卵，所以人类认为它是益虫。

再把寄生于昆虫幼虫的蜂来说一说：大家应该也见过专吃菜叶的青虫身上，往往有许多黄色椭圆形的茧附着，这是青虫小茧蜂的茧。这种蜂用产卵管向青虫体内产下近于椭圆形的卵。卵孵化成幼虫，吃宿主的血液脂肪而长大，等到成熟后，咬穿青虫的皮肤钻出来，吐丝作茧，再化成虫而飞出。寄生在琉璃蛱蝶（*Kaniska canace*）的幼虫上的小茧蜂，多是许多茧堆积起来，再盖上棉絮似的东西。

寄生于蛹的寄生蜂中，最普通的要算黄脚膜子小蜂。它的后脚，粗而有黄纹。它常常产卵在毛虫和粉蝶的蛹内。介壳虫是果树的大害虫，但也因种种寄生蜂的寄生，而不能任意繁殖。

寄生于成虫的寄生蜂比较少。像害菜类的甲虫——名克斯期纳米虫的身上，也有属于小茧蜂科的培利利矣他斯蜂寄生。这种蜂将产卵管刺入成虫体内产卵。幼虫老熟后，从成虫肛门出来，入泥作茧化蛹。

琉璃蛱蝶

寄生蜂的成虫，在野外吃花蜜、花粉，以及蚜虫和介壳虫所分泌的蜜汁过活。有的成虫用产卵管刺入宿主体内，从而吸食宿主的体液，交尾后，雌的成虫便寻找宿主产卵，但也有未经交尾就产卵的。受精卵能够产生雌雄蜂，未受精的卵，大都只产雄蜂，也有只产雌蜂的。这个事实，被遗传学者认为是研究的好材料。

昆虫常因种种寄生蜂的寄生而死亡，上面已经提及。那些能够杀戮害虫的寄生蜂，被人类当作益虫，已经有利用寄生蜂来驱除害虫的应用了。当新害虫从国外输入而蔓延各地的时候，从原产地运一些寄生蜂来，效果也不错。比如美国偶然从欧洲带进了一种栗类的毛虫，大量繁殖，后来从欧洲采运许多寄生蜂，毛虫被逐渐消灭。日本九州地方，曾从我国带去一种名叫刺粉虱的橘类害虫，后来由意大利昆虫学家西鲁培斯笃利博士，从广州带了些微细的寄生蜂到九州去，现在这类害虫就几乎绝迹。日本农林省因二化螟虫猖獗，特地派人到我国、南洋等地方，调查能够消灭二化螟虫的寄生蜂，结果发现一种卵寄生蜂和一种幼虫寄生蜂，可以被研究利用。

九　水栖的小蜂

寄生水栖昆虫身体里的蜂也不少，现在拣比较有趣的两三种来简单地介绍一下。

欧洲西部有一种属于小蜂科的寄生蜂，名叫泼来斯脱会开阿克滑气加（*Prestwicha aquatica*），寄生于水栖昆虫的卵。英国有名的昆虫学者拉俟克氏，有一天，他在研究淡水中的虾类和其他水栖动物时，发现一种微小的蜂，竟然和这几种动物一起游泳，感到大吃一惊。这种蜂在伦敦很少，但柏林附近，以及德国北部是很多的。它们体长只有2厘（厘是市寸的百分之一，1厘约合0.33毫米）左右，用长长的脚巧妙地游泳。雄蜂有小小的鳞状前翅；雌蜂翅上有一个柄，宛同树叶。翅的前缘，密生毡毛，后翅很细，变成丝状。它们寄生在水栖椿象的卵上，有时也寄生在其他水栖甲虫的卵上。据拉俟克氏的调查，1粒松藻虫的卵上，竟然有24只小蜂。

日本也有属于小蜂科的潜水蜂，名叫具刺潜水蜂（*Agriotypus armatus*），是体长0.5厘米的黑色小蜂，棱状部有向后的锐齿，所以容易和其他种区别。雌蜂有短的产卵管，前翅有3条褐纹。天气晴朗的时候，它们成群在河面沟畔飞翔。这时，已受精的蜂就潜入水中，寻找宿主。它们很细心地顺着水草茎，深深地钻到水底，有时竟长达10分钟之久才上来。

石蚕给幼虫用小石子造了筒状的巢，让幼虫在里面生活。它以为自己的住所是最安全的，不怕外敌侵入。可是，具刺潜水蜂能潜入水中，将产卵管插入它们的体中，产下卵子。幼虫孵化后，先吃宿主身体无关紧要的部位，所以宿主不会立马死亡。宿主为了化蛹，便把巢口封闭起来，但它终究被寄生虫所毙。

水蜂的幼虫完全长成后，将宿主残骸推到一边，在那儿造茧化蛹。茧上还有一根细细的管，这是用于露出水面呼吸空气用的。这根细管，对于水蜂是非常重要的，若将它拉断，那么水蜂将永远不能到水上了。

岸旁原有许多毛虫、青虫，水蜂偏偏要潜入水中，将卵产在躲在坚牢的石筒中的石蚕身上。这种寄生本能，不是很奇怪吗？而且母蜂将卵子产入石蚕体中后，不久便死去，所以不论幼虫、成虫，都没有得到母亲照顾的机会。但它们年年岁岁，循着同一轨道而进行，不是更奇怪吗？

此外，还有一种属于卵蜂科的亚那苦儿斯·斯步夫臼斯苦斯（*Anayrus subfuscus*）水栖蜂，专门寄生在蜻蜓的卵子中。它们的特征是翅呈丝状，前后两缘有长毛。雌蜂有短短的产卵管，触角的尖端成棍棒状。它们身长平均只有0.5毫米，实在太小了，不用放大镜看的话，只见暗色的一点，与那些纤毛虫和阿米巴等单细胞动物，差不多大小。可是，这渺小的体积中竟具有和人类这样的高等动物同样复杂的机关——脑、神经、眼、肠，以及其他一切附属物，复杂的筋肉组织、呼吸器、生殖器等，统统齐全。我们不得不惊叹自然的杰作。

十　蜂类的进步

昆虫的本能，向来被认为是循着一定轨道进行，不会变化。

可是，在蜂类中已有种种变化发生了。

在南美和中美，有一种无刺蜜蜂，本来是吸食花蜜、花粉的，竟然吸食煤油了。它们常聚集在臭气扑鼻的黑色柏油和重油的油罐上，津津有味地吸食。这种热闹状况，和普通蜜蜂聚集在花朵上吸蜜采粉丝毫无异。据休白兹博士的报告，若煤油罐旁有油流出来时，即使旁边放一只富于糖分的香蕉，它们也绝不一顾，专心聚集在煤油上吸食。有时竟为了要独占煤油，对其他巢的蜂，拳脚相向。

煤油被发现的时间不长，并且不是这种蜂一直以来吃的食物，这是很明显的。那么这种现象怎样解释呢？这种蜂原是采集植物的树脂、新芽中的蜡，后来发现利用煤油中的蜡质物，相比之下采集煤油中的蜡质物所花费的时间和劳力，都要经济得多，于是，就停止从植物中采蜡，而来吃煤油了。为了节省时间和劳力，即使煤油恶臭扑鼻，蜂也毫不厌恶。动物的本能，真是与时俱进。

胡蜂的食物，本来以小虫为主，有时吃点儿果实和树液，现在竟要盗食牛肉、猪肉了，这在前面已经说过了。胡蜂为了要吸食蜂蜜，常聚集在巢箱上盗蜜，有时会捕捉门口守卫的工蜂，这些事，对于杂食性的胡蜂来说很正常。但是到肉店里偷鲜肉吃，是后来才有的事。

昆虫只依本能而活动，被一定的轨道束缚着，持这种观点的人，万万没想到蜂会吸食煤油以及偷鲜肉吃！

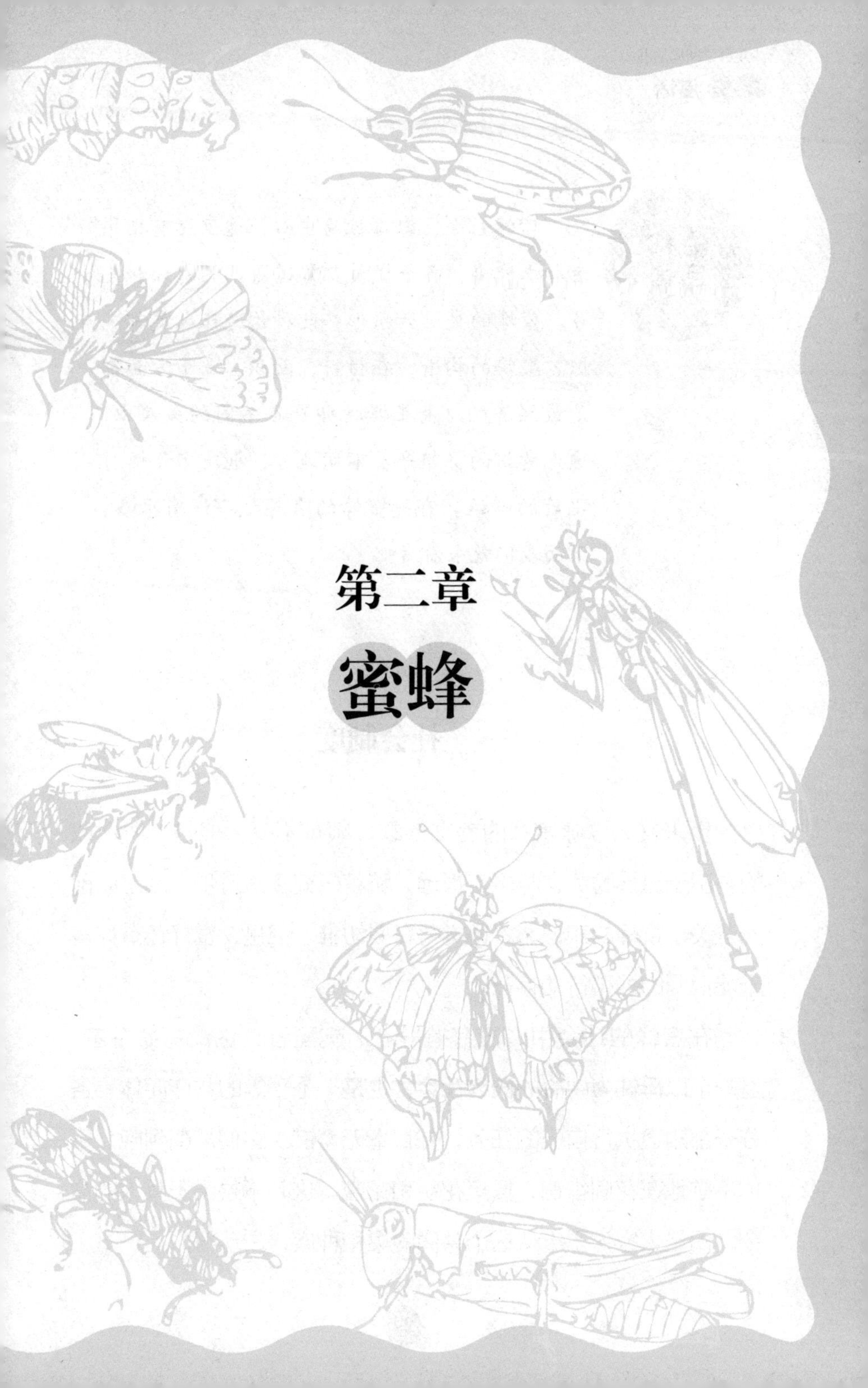

第二章

蜜蜂

蜜蜂社会，以母性为中心，这里没有指导者和支配者，各个成员都知道自己的责任和义务。蜜蜂的巢呈六角形，此种构造让人类都吃惊。巢房的构造，在材料、面积、重量方面都是最经济的。女王蜂把卵产在不同的巢房中，这无意识的将卵产在不同地方，也决定了蜂孵化后的命运。有关蜜蜂的有趣之事还有很多，下面我们就来看看吧。

一 社会制度

历来文人歌咏蜜蜂的美文诗歌，颇有不少，但是，所记载的多出于悬揣臆测，与事实很远。随着研究逐渐进步，回想以前一些关于蜜蜂的知识，不免觉得有些幼稚。但是，蜜蜂还有许多未能说明的神秘行动存在。

在蜜蜂的社会中，没有指导者、支配者，也没有命令者，是一个以母性为中心的氏族社会，也是一个平等的共产团体。各分子都知道执行自己的任务，并且毫无差错。它们从朝到晚，不休不歇地在花间徘徊，搜集花粉和花蜜。这并不是由于某人的命令，而是大家为了维持这个共同的巢和种族，主动努力。

在蜜蜂社会中占多数的，是生殖器退化的雌性，叫作工蜂。工蜂中一部分到野外去采集花粉和花蜜，一部分留在巢里，有的将同伴带回来的花粉，从后肢上扫落，有的造巢，有的到小河边去运水，有的调制孩子和女王吃的食料，有的拍着两翅，将新鲜空气送到巢里去，有的站在门口做守卫，只要有外敌侵入，便拼命抵敌。春季，巢内除女王外，全是工蜂。到夏季，便有比工蜂稍大的雄蜂出现。虽然雄蜂白天也常常到巢外愉快地飞翔，但它们不会采集花粉和花蜜，所以又叫作懒汉。此外巢内还有最大的一只蜂，这是女王。巢中几万只蜂，都是女王产下的。

从前人们往往这样想：在蜜蜂社会里，巢内所有居民在一只女王的专制支配之下生活。可是，经过仔细研究，女王绝不是搞专制，它从来不曾下过什么命令，也不会有什么压迫举动。它不过是一架产卵机器，是一个由工蜂造成的机器。这个社会的运行，全由工蜂操控，连女王的生杀之权也在全体工蜂手中。

二　巢房——六角形小房

蜜蜂的巢，野生的大都造在大树的空洞里，饲养的在人造的巢箱中。但它们巢房的构造完全一样，各房都是六角形的小房，排列得整整齐齐，看了真叫人吃惊。现在我们要研究的是，它们用的是什么材料，从哪里得来？为什么要把巢造成六角形？

巢房的材料，以前人们以为是蜜蜂从花里采来的，后来才明白这些蜡性物质，是从它自己腹面第三、四、五、六环节上的四对蜡镜分泌的。这些蜡镜，表面是薄板，下面有一排分泌细胞。当造巢时，年轻的工蜂，先吃了许多蜜，集合在巢的天花板上。经过18小时至24小时，腹面的蜡镜便有蜡液分泌。这些分泌液，碰到空气，就凝成薄片，和透明的云母片相似。它们将这薄片，衔在口里，混入酸性的唾液，练成一种软膏似的物质，这就是造巢房用的材料。这种蜂蜡，无论是在扩展性方面，还是在强韧性方面，以及耐热性方面，宇宙间几乎没有可以和它比拟的东西。

我们去看一看蜂巢的内部，更要吃惊：从顶上挂了好多片巢脾，一直延伸到房底处，各片间都有1厘米左右的空隙。巢脾的两面，排列着用薄薄的蜡壁隔开的六角形小房。各面小房，都是底和底相接，房底稍呈三棱形。巢房的构造，在材料、面积、重量方面，都是最经济的，大概没有比这更好的理想建筑物了吧！

蜂巢

六角形的构造，是一种自然法则。凡圆筒形的物体，左右前后受压时，它的截断面就成六角形。有人说，蜜蜂造六角形巢房，用不着大惊小怪，这

无非是机械的相互干涉的结果，并不是构造者的本领。正如我们把许多小小的粉团，满满地装进瓶内使它们互相挤压，也就成六角形了。可是，瓶内的粉团，原是分开的，所以有互相干涉的机会，而蜜蜂六角形的巢，是连成一片，不能互相干涉的。而且我们试把蜜蜂正在构造的六角形的巢房，仔细观察一下：它们造巢的第一步是房底，四周已成六边形，以便上面再树立隔离各室的6块壁板，可见构造者的头脑里，起初就有六角形的意识了。

那么，这小小的蜜蜂，为什么要造六角形的巢房呢？真难明白，难道它们起初是造圆筒形的巢房，后来发现种种不合理，逐渐改进，而成为现在这样的吗？还是因为六角形可以完全连接，而且容积又和圆筒形差不多，所以采用的吗？总之，我们现在发现这种蜜蜂，有根据六角形法则造巢的能力，除了本能，它们也许有近乎理性的某种性能。从前人们以为除人类以外的动物，都是依本能而活动，没有理性和智性的。这种假说，实在什么根据都没有。本能和智性、智性和理性之间，并没有很清晰的界限。

三　蜜蜂中的三型——女王、雄蜂和工蜂

蜜蜂女王所产的卵只有一种，但由卵产生的蜂倒是有将来做女王的雌蜂、生殖器退化的工蜂和被称为“懒汉”的雄蜂三种。

同一卵子，能产生三种不同的蜂，从前人们对这一现象感到不可思议。不过，现在已经稍稍明白其中的原由了，这里且大略地说明一下。

女王产卵的房有三种：一是工蜂房，小型，数量最多；一是雄蜂房，比工蜂房稍大；还有一种称为王台，面积要比别的房大上几倍。女王产卵时，是有意地根据房的大小，产下各种卵子呢？还是无意识地将卵产在这些房里呢？奇妙的是，产在雄蜂房里的卵子，必定产雄蜂；产在工蜂房里的卵子，必定产工蜂。这样看来，不能不认为女王是有意识地分别在不同的房里产卵。

可是，王台中的卵子和工蜂房中的卵子，委实丝毫无异。试把卵子交换一下，便立刻知道，将原在王台中的卵子，移到工蜂房中，孵化出来必成工蜂；移入王台中的工蜂卵，孵化出来必成女王；可见同一卵子，由工蜂的处理不同，有的是女王，有的是工蜂。在工蜂房中的幼虫，只有少量食物，将来可成女王的幼虫室里，有蜂蜜、树脂、新芽等富含营养的食物，这些食物几乎堆得把女王身子埋没了。能成为女王的幼虫得到充分的营养，不但生殖器发达了，形体方面，也和工蜂大有差异：工蜂身躯短、腹端圆，颚上没有齿，舌也短。可是女王呢，身躯长、腹端呈圆锥形，大颚上有齿，舌也长。而且女王腹面没有蜡镜，脚上没有采取花粉用的盏。女王的毒刺，弯曲而长，工蜂的刺短而直。女王的颜色也和工蜂不同，带暗色而有光泽。此外还有种种实验，可以证明女王和工蜂的差别，只由食物的多少、房屋的大小决定：凡孵化后未到3天的工蜂幼虫，也可使它变成女王。

可是要成雄蜂的卵子，和要成女王、工蜂的卵子不同，是一种未受精的卵子。因为不论受精的卵子和未受精的卵子，都是从同一产卵管产下的，所以它们好像降到输卵管时才受精的。若交尾时全部卵子都已受精了，那么不应该还有雄蜂卵。交尾口和产卵口，完全分在两处。精子先在受精囊里贮藏着，等卵子下降到输卵管时，再行受精，这是蜂类中的通性。

近代爱特华特博士对于蜜蜂的产卵，作过以下说明：

蜜蜂也和其他昆虫一样，不愿与血统相近的同胞交尾。同巢中的雄蜂，对于女王，毫无兴趣，不论巢内巢外，绝不交尾。未受精的新女王，飞出巢时，为了记住自己的巢，必定在上空绕飞好几圈，到了发现可作标识的某物时，便箭一般飞去，出发恋爱旅行了。见到周围飞翔得快、强健的别巢雄蜂，就和它交尾，不久，回到自己巢里，像上面说的那样产卵。

女王从雄蜂处受得的精子，贮在受精囊里，不入卵巢，所以它的卵子还是未受精的。女王在三种大小不同的房产卵时，因房的大小，腹端屈曲的度数也不同。当女王将尾端插入小房中产卵时，因为空间狭隘，当然受到压挤，腹部收缩，精子便流出而受精，反之，在宽大的雄蜂房产卵时，毫不受挤压，腹部不收缩，同平时一样精子不流出，因此产下的便是将来成雄蜂的未受精的卵子。

王台不是更宽大吗？女王不是更不会受挤压吗？为什么它也收缩腹部，使精液流出，而产下可成女王的受精卵呢？这说明它在王台有意识地产下受精卵，除此之外没有什么理由可以解释的。

四　分蜂

蜜蜂社会，从春初起，女王和工蜂，努力从事于子孙的繁殖。女王像上面所说那样，在各房里产下卵子后，工蜂便负起养护的责任，用称为“蜂王浆”的一种浓厚蜜汁，喂饲幼虫。到幼虫充分长成，工蜂使用蜡质物将房口封闭。于是，幼虫在里面吐丝、造茧、化蛹，不久羽化为蜂。一到夏季，女王产卵特别起劲，每天产3万多枚，也并不算稀奇。普通的女王一昼夜可产重量等于自身体重两倍的卵子。所以蜜蜂数量的增加，非常迅速。等到有翅居民充满巢内，而巢又无法再扩充时，便开始分蜂了。

分蜂时，一巢有3万到10万的工蜂。命令一下，至少有一半工蜂，伴着旧女王，一同从门口飞出。将要移动的蜂，如发疯一般，嗡嗡发声，连花粉、花蜜都不去采了，但要留在旧巢的蜂，

好像毫不知有分蜂这回事，依旧平静地忠实服务。那么，可以留在旧巢的蜂和分蜂的蜂，有什么区别吗？这是现在还无法说明的奇异现象。不过在分蜂前，先有许多探子出发，大概是要把女王带到最安全的地方。

蜜蜂社会中，如果没有新女王，是不能经营新社会的，而新女王在旧巢中产生，又正是要分蜂的时候，所以新女王即使已经充分长成，也不许它轻易出房，门口特地设一守卫，提防新女王逃出。

分蜂最适宜的天候一到，旧女王便带着一半工蜂，出发旅行，另筑新巢。留在旧巢的新女王，便从房中出来，等到天气晴朗，飞向空中，和别巢的雄蜂交尾，受精回巢，成为完全的女王，像前面所说的那样起劲产卵。留在巢房里的另外几只新女王，大都被先出的女王所杀，但也有带了一部工蜂而再分蜂的。

分蜂的团体，有时停留在树干上或篱笆间，集成直径1尺左右的一团。过了几小时，才向远方飞去，寻得枯木的空洞等，在那里造巢，免得和旧巢的同胞相遇起竞争。

五　信号

蜜蜂的嗅觉很灵敏，它们能依香寻花。若把别巢的女王或工蜂，放进巢里，全巢必起骚乱，因为嗅得它们有体臭，而女王身上有一种香腺，不停地分泌汁液，发散香气，巢中是否有女王，也能靠嗅觉辨知。此外巢内产生某种变化时，工蜂所发的嗡嗡声，各巢都有不同的音色。这些体臭和鸣声，就是蜜蜂社会的信号，使各工蜂采蜜回来时，不致误入别巢。可是蜜蜂还有神妙的地方，不得不使人这样怀疑：难道蜂群中有一种言语吗？

工蜂发现了某种花，采了许多蜜回来时，巢中同伴必定立刻接二连三地出发。而出发的只数，又完全以能采的蜜量多少为准，绝不会产生多余的劳动力。这时，我们不禁有两个疑问：一是工蜂怎么知道该出发的只数呢？二是工蜂怎样把采蜜所在地通知给同伴，或是引导它们去的呢？

夫利休教授曾经做过一次试验：在工蜂身上，涂一种颜料作为记号，然后把蜜汁或其他蜂爱吃的食物，放在一定场所。当有记号的工蜂，回到巢里来时，留意它将有什么举动。通过这个试验，夫利休教授居然解决了上面两个疑问。

工蜂吸收了大量的蜜汁回来时，就在巢房内跳一种回转舞。在它邻近的工蜂，看到这种回转舞，知道已找到蜜量多的花，都赶忙飞向野外。反之，若某工蜂只采得少量蜜回来时，它并不跳舞，别的工蜂也不外出。换一句话说，这回转的跳舞，是一种信号，是通知同伴已发现蜜量很多的花时用的。

工蜂是怎样把新发现的花的所在地通知给同伴呢？从前人们以为是寻得这花的工蜂把同伴带去的。其实，其他工蜂，不等发现者引导，便立刻飞出巢外。它们在一两里（1里=1000米）

范围内搜寻。可是，这种搜寻，并不是毫无根据地瞎撞乱碰，它们是有依据的。发现者得蜜归巢时，体毛上必定带着这花所有的香气。它在巢内跳舞时，使这种香气发散，而且别的工蜂，也爬到这发现者跟前来，辨认这香气。它们是以这种香气为目标，到处搜寻的。

可是，有些花朵是没有香气的，那么它们又拿什么做目标呢？这种疑问，当然是有的。有一个有趣的发现：蜜蜂有一种能够伸缩的分泌腺，开口在尾端附近，能够发散香气，使同伴更容易辨认。某工蜂发现含有多量蜜汁的花时，一面采集花蜜，一面将自身固有的香气，从分泌口发散。所以不管这花有香无香，工蜂自己的香气，已经发散在这花上，别的同伴，当然能够寻得。

若雨天连续，花已飘零，出去采食的蜂就少。可是，到天气晴朗，这新发现的花又开，从这花归来的工蜂，又在巢内跳回旋舞时，巢内便骚动了。曾有在这花上采蜜经验的工蜂，绝不会再待在巢中，统统向这花飞去。

工蜂里面，也实行分工，有采花粉的和采花蜜的两种蜂。但跳舞的姿态，也各不同：采花蜜的蜂，回旋的圈子很小，30秒内，可旋转十几回，而且不是朝向同一方向旋转的。采花粉的蜂跳舞，回旋得更优美而迅速，以头部为中心，先向右侧旋半圈，再向左侧旋半圈，少则旋4回，多则旋12回，然后便休息了。这种举动，刺激了周围的工蜂，有些像狗运用嗅觉似的，聚集到采集者身边来，想获得某种新信息。

六 尾上针

我们若走近蜂巢，想看看它们造巢的情形时，往往会“中暗箭”。被刺的部分，立刻红肿，和浸到热水里一般疼痛。被这小小的蜂放了一针，竟然疼痛难忍，真叫人不信。

我们若用布片包了手，捉一只蜜蜂来，在它肚子上面轻轻挤压，便有如发丝一般细、呈褐色的锐针，从尾尖出来。这就是蜜蜂防敌用的武器，一把保护自身的短剑。平常锐针收藏在身体中的鞘内，到危险时，突然放出。

蜜蜂的针，只不过尖锐罢了，那么即使人被刺，也不会感到非常疼痛。我们感到痛，是因为针上涂有毒汁。试压挤蜜蜂的腹部，从尾尖出来的针头上，有清水似的液体，这就是使人感到疼痛的毒汁。

蜂是个吝啬鬼，螫刺时出来的毒汁，只有一点点。可是藏在身体里的却有很多，出来的只不过几十分之一而已。

这种毒汁满满地贮藏在针根的小囊里，好像随时都可以用。当用针刺敌人时，小囊一缩，便有一些毒汁沿着针上的小沟流出，同时注入敌人的伤口。

贮藏这种毒汁的囊，构造很有趣，所以想讲一讲：当压挤蜜蜂的腹面，针从尾端出来时，用钳子钳住，慢慢地拉，那么针便被拔出，而且针根还有小小的一粒白囊跟了来。这就是毒汁的囊，看着虽小，但足够用几十回呢，而且一边用，一边在制造新毒汁，所以囊里的毒汁常常是满的。

放了刺的蜂，害怕有什么危险还会到来，所以赶忙逃走，有时连针也来不及拔，就这样飞去了。因为针尖根有许多小钩，刺入皮肤后要拔出来要费好些工夫。这时，不仅针，连内脏毒囊都留下了，所以蜂不久就会死去。

被刺的人，当拔取留在伤口的针时，总去撮针根粗的部分。他们认为这是针根，其实是毒囊。这毒囊往往在指间挤破，贮藏在囊里的毒汁沿针流入伤口，疼痛格外厉害。所以拔针时，必须撮细的部分。

这般毒的东西，若去尝一滴，一定会痛得死去活来吧？其实，即使把毒汁放在舌头上，也并不会怎样，既不酸又不辣，完全同水一般。如果把它吞进肚子里，也不会有什么。简单来说，虽然这种液体叫作毒汁，其实它本身是没有毒的。

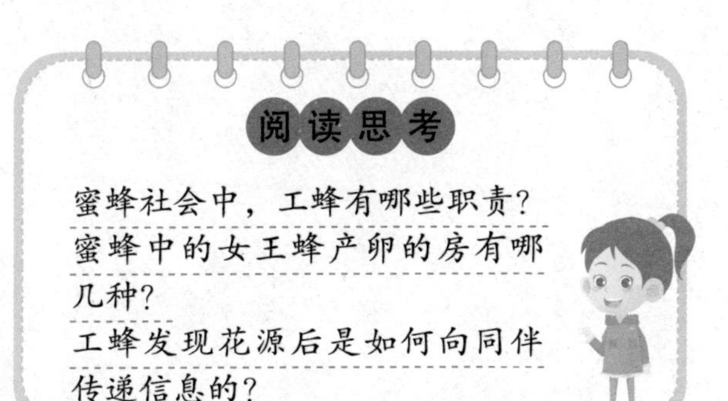

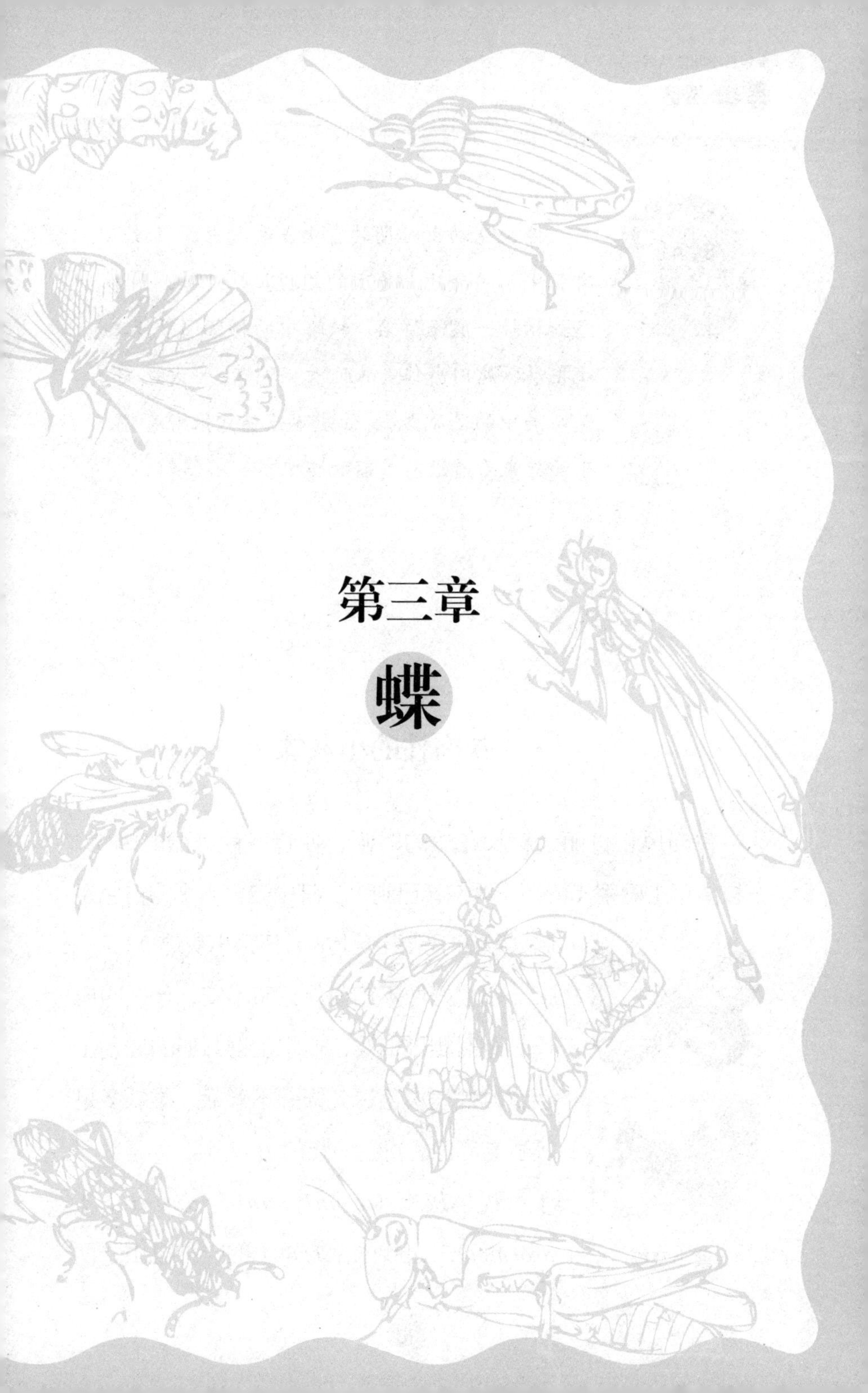

第三章

蝶

蝶，从幼虫时期的青虫或毛毛虫，经过几次变化，才会插上美丽的翅膀。枯叶蝶，因形态如枯叶一般而得名。蛱蝶中的柳紫闪蛱蝶喜欢把动物腐肉当作美味佳肴。凤蝶，形大色美，是蝶类中的“凤凰”。你是不是感觉很好奇呢，下面就来看看这些美丽的蝶吧。

一　食肉性的小灰蝶

每当风和日丽、草长花放的时候，便有各种美丽的蝴蝶，在枝头草上翩翩飞舞，告诉你春已到来。其中鼓着小小的青色翅膀，徘徊于紫云英上的，便是小灰蝶。

紫小灰蝶

它们好像不知道什么叫不安，什么叫压迫。有时雌雄相戏，追求生物共通的恋爱生活。雌蝶呈灰色，装饰并不鲜艳，雄蝶多是美丽的赤色、青色、紫色。

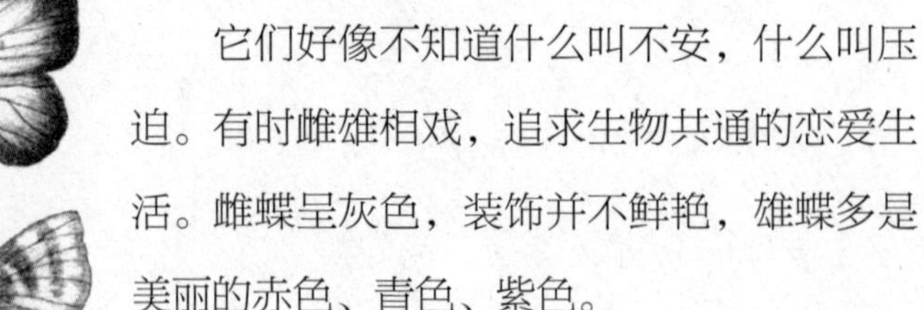

紫小灰蝶（*Amblypodia japonica f. drornicus*）是我国南方常见的一种昆虫，两

翅张开，长36毫米左右。翅是黑色，只有中央带紫色，翅的底面是灰褐色，又有暗褐色的细纹。当两翅竖着时，简直和枯叶一般无二，它们借此瞒过雀类和杜鹃的眼睛，但又怕减少了和异性认识的机会，所以不停地开合翅膀，露出表面的紫色来表示自己的存在。

乌小灰蝶（*Thecla w album f. fentoni*）两翅张开有30毫米左右。翅是黑褐色，前翅的外缘附近是一带白色，底面是暗褐色，后翅有略呈“*W*”形的白带，外缘有一条橙色纹。幼虫要吃苹果等树的叶子。这种灰蝶产在我国北方。

乌小灰蝶

蓝小灰蝶（*Everes argiades f. kawaii*）是分布于全世界的普通种，但形态常因气候而有变更。两翅张开达24毫米。翅是紫蓝色，外缘黑色，缘毛是白色，斑纹及后翅的尾状突起是黑色。雄蝶全部呈黑色，但有橙黄色的斑点。

蓝小灰蝶

全世界属于小灰蝶科的蝶类，已经知道的有700多种。在我国的当然也不少，怕读者要感到乏味，

亮小灰蝶

不再一一列举，棋石小灰蝶只把幼虫和蚁共栖的事实，来大略一讲：

亮小灰蝶（*Lampides boeticus*）的翅呈青白色，是产在热带的豆科植物的害虫。它们的幼虫，常被蚁围绕着。蚁一面头对头地挤着，一面用触角碰这幼虫，或轻轻地敲打它的腹部，仿佛我们的呵痒。于是，幼虫兴奋起来，便分泌一种甘露给它们吃，因此，它们常受蚁的保护。有时我们竟能在蚁巢中看到这种幼虫。

地中海沿岸有一种叫作泰尔苦斯·台亚夫刺斯斯（*Tarucus theophrostus*）的小灰蝶，常成群飞翔。幼虫呈绿色扁平，吃枣树的叶子，有时竟把全树吃得只剩光杆。这些幼虫，必定有一种蚁跟着走。当幼虫成熟化蛹时，蚁便衔了蛹搬运到自己的窠里去，用土盖着，好好地保护。当蛹羽化成蝶时，也有因两翅不能展开而横倒的，蚁便赶忙跑去扶起。

蚁肯保护小灰蝶幼虫的理由，像上面所说：因为它们能分泌甘露给蚁吃。幼虫的第七环节后缘中央，有一条横沟，长着一种瘤状突起。这种瘤状突起，常分泌一种蚁爱吃的甘露。蚁一旦发现了这种小灰蝶的幼虫，便把以前很重视的蚜虫，弃若敝屣，一齐集到这边来。奇怪的是幼虫的第八环节，气门的后方还有两个管状突起。这有什么作用呢？现在还不清楚，据独猛氏的主张，大概是发散某种香气，引诱蚁类用的。

但并不能说一切小灰蝶的幼虫，都是有利于蚁的。比如印度所产的利夫剌·蒲剌索利斯（*Liphyra brassolis*）小灰蝶，常产卵在蚁的巢穴附近。幼虫孵化后便潜入蚁巢中，捕食蚁的幼虫。这种小灰蝶的幼虫和其他小灰蝶的幼虫一样，形状像蛞蝓蜻蝙，身子扁平，两侧有刃状物突出，而且背部和两侧都像甲壳般的硬化，各环节的关节，也看不清楚，只有腹部中央是柔软的，但两侧也密生毡毛，能够避免蚁的攻击。它们的头部，即便被蚁咬住了，只需向坚牢的胸板下面一缩，蚁便无可奈何了。

蛹也在蚁巢中。奇怪的是由蛹羽化而出的小蝶，鳞毛很容易脱落。它们略略一动，鳞毛便像尘埃似的飞起。有时，蚁看见巢中有蝶而去攻击，它便使鳞毛纷纷脱落，自己安全地飞出巢外了。

像这样食肉性的蝶类幼虫，在小灰蝶中也不少：日本有捕食竹上蚜虫的碁子小灰蝶（*Taraka hamada f. thalada*），中国更有不少白纹黑色小灰蝶的幼虫，身上盖了一层白蜡，在捕食介壳虫和别的昆虫。此外捕食蚜虫的小灰蝶，还有下面5种：*Gerydus chinensis*（中国产）、*Fenise a targuinius*（美国产）、*I uliphyra mirifica*（阿根廷产）、*Lycaena arion*（欧洲产）、*Aphnaeussyama*（中国产）。

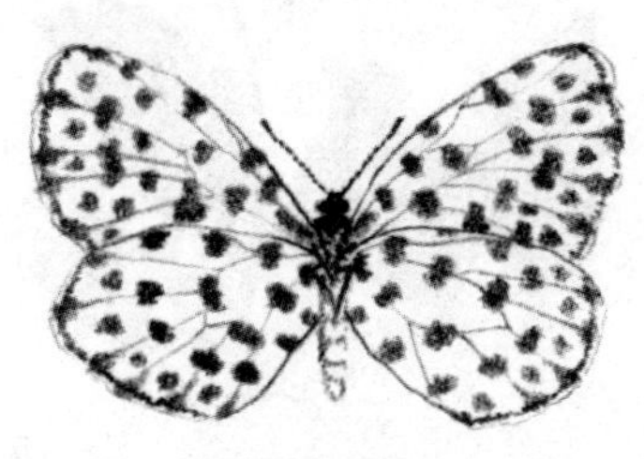

碁子小灰蝶

二 奇妙的枯叶蝶

古人对于昆虫产生的经过，不大清楚，往往用种种臆测的化生说来说明，如“腐草化为萤”就是一个著名的例子。对于蝶，也同样说是树叶所化。《庄子·至乐篇》说：“陵舄得郁棲则为乌足，乌足之根为蛴螬，其叶为蝴蝶。”

在《北户录》中，更有一则不容忽视的记录：“段以路南行，历悬藤峡，维舟饮水。睹岩侧有一木五彩，初谓丹青之树，命仆采获一枝，尚缀软蝶凡二十余个，有翠绀缕者、金眼者、丁香眼者、紫斑眼者、黑花者、黄白者、绯来者、大如蝙蝠者、小如榆荚者。因登岸视之，乃知木叶化焉。”

峡以悬藤为名，是桂粤一带的风土，这一带正是出产枯叶蝶的地方，所以这位段先生所看到的，也许是枯叶蝶，因形态和木叶一模一样，因此就发生了“木叶化焉”的误会。现在且把枯叶蝶的形态和习性来讲一讲，证明我的推测也有几分合理。

枯叶蝶

枯叶蝶（*Kallima inachus f. acerifolia*）两翅张开有66~90毫米。翅的正面很美丽，是紫蓝色的，前翅上还有一条橙色的阔带。底面却多是暗色，像浓褐、赤褐、黄褐等，全都是枯叶的颜色，还加上像枯叶中肋、横肋似的纹条，这中肋似的纹，一直延长到后翅的末端，看起来更像枯叶了。更奇妙的是，这上面还有暗色的斑点散布着，好像枯叶上的黴斑，而且这些斑点的排列，又毫不整齐。所以当它们竖着翅膀，静止在枝头时，谁都要当枯叶看。日本昆虫学家松村松年曾采集了几十只枯叶蝶，而斑纹、色彩，没有相同的。所以《北户录》中要用翠绀缕、金眼、紫斑眼等来形容了。

当不必提防外敌的时候，它们便把翅不间断地开合，使同类知道自己在哪儿。万一瞒骗不过，而强敌已逼近时，便向森林的枯叶间落下，横卧在叶间，这样谁也辨认不出它来。

三　有趣的粉蝶

粉蝶科中的蝶类，大都是中等体型，常常集在花上。有时，牛马的粪尿上、雨后的水潭上及河边的砂砾上，也有它们的踪迹。它们的体色多是白色，但也有黄色的。现在把有特征的几种粉蝶说一说。

山楂粉蝶

山楂粉蝶（*Aporia crataegi f. adherdal*）两翅张开有76毫米左右，白色，是稍稍大型的蝶。翅也比较阔大，外缘和翅底是黑色，翅脉也是黑色。粉蝶科里，有黑翅脉的，只有这一种，身子黑色，上面密生灰白色的毛，分布在欧洲、朝鲜和日本北海道。本来粉蝶的幼虫，只生着短毛，这山楂粉蝶的幼虫，却生着比较长的体毛。它们在苹果树的枯叶内越冬，一到次年早春，便起劲食害苹果树的新芽。蛹是白色的，上面有黑纹和黄纹，经两周左右而羽化。这种蝶有一个特点，当从蛹化蝶而外出时，从尾端渗出血一般的排泄物。这是蛹时期所分泌的尿液。当多数山楂粉蝶一齐羽化时，往往将枝叶和地面染成鲜红。这在德国叫作“血雨”。从前迷信很盛的时代，德国人说这些是最美丽的血，是某人将遭横死的前兆。

云间黄裾蝶（*Anthocharis scolymus f. kobayashii*）两翅张开有45毫米左右。翅是白色，横脉上一点和翅端是黑色。雄蝶的前翅末端是橙黄色，底面有灰绿色粗斑，当静止的时候，恰像一种植物的叶子。后翅底面的斑纹，和满天飞行的灰色云块相似，所以有这样一个名字。雌蝶前翅的表面，全是白色。这种蝶分布在中国、朝鲜、欧洲等地方。

卵起初是白色，后来出现橙色，到孵化前竟带紫色了。幼虫栖息在十字花科植物碎米荠的枝叶间，它的形态和碎米荠的角相似，它们淡色的亚背线和角的缝线相当，而且保持着一定比例，跟着角的长大而长大，所以要发现这种幼虫，相当困难。它们更喜欢吃种子，所以有种子的时候，是不吃荚的部分的。到了7月底，化成细长的绿色的蛹，就这样越冬，到第二年4、5月里羽化。有时竟忘了羽化，以蛹的状态，滞育达20个月。

鹤顶粉蝶（*Hebomoia glaucippe f. liukiuensis* ）是比较大而美丽的蝶，两翅张开，有100毫米左右。翅是苍白色，前缘暗褐色，翅端是美丽的赤橙色，中间还有4个暗黑色的斑点，雌蝶的色彩较淡，呈黄色或暗灰色，后翅外缘暗色，各室有暗色纹，分布在中国、印度、南洋等地方，每年从4月起开始出现。虽然到处都能看到，但它们飞翔迅速，难以捕获。

菜粉蝶（*Pieris rapae f. crucivora*）是到处都有的两翅张开约50毫米的白色蝶类。全翅底面的一半和正面的前缘是灰白色，斑纹是黑褐色。雌的比雄的大些，黑褐色的部分也较多，斑纹更明显。它们产卵时，为了避免弟兄们争夺食物，所以绝不把二三百粒卵产在一起。它们在幼虫取食的叶背，一粒一粒地产卵。卵子孵化成绿色的幼虫，再过两三个星期，就变1寸左右的青虫。于是，它们离开并钻入篱边草丛中化蛹。再过一星期左右，变成白蝶，在花间翩翩起舞。

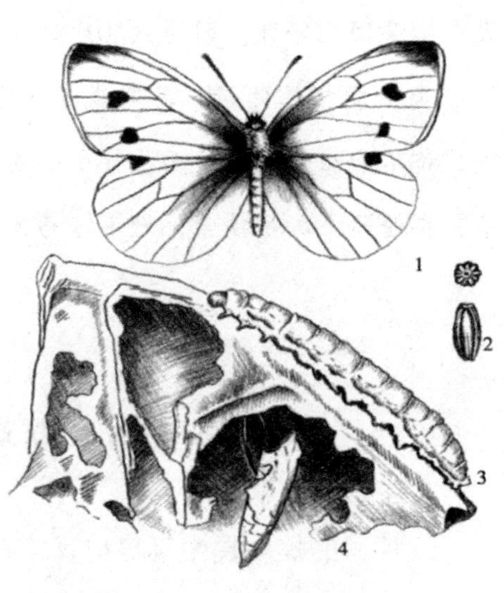

粉蝶的生活史：1. 成虫（雌）；2. 卵；3. 幼虫；4. 蛹。

这种蝶的幼虫，是十字花科蔬菜的大害虫，

有好几种寄生蜂，要寄生在它们身上。最普通的，是一种小茧蜂。我们往往在粉蝶蛹的近旁，看到多数集合的白色小茧。这就是小茧蜂的幼虫从粉蝶的蛹内出来所化成的蛹。被这些寄生蜂和其他寄生虫杀害的青虫，约占七成半，所以粉蝶不能十分顺利地繁殖。

有时这些寄生蜂类，因某种缘由而不发生，而适宜于粉蝶发生的天气，又一天一天地继续着，因此它们非常迅速地繁殖。奥国曾有一次大发生，连火车都被迫停开。陀鲁博士曾有关于这事的记载，将大要抄在下面吧：

从前粉蝶幼虫大发生的时候，它们吃尽了有些植物，成群到道路上来，简直使我们不能通行。像从蒲鲁尤市到蒲拉古市的火车，竟因此停开。因为被轧死的青虫的体液，使轮子空旋。这好像是不能相信的话，其实我是亲眼所见的。那些象咧、水牛咧，都不能阻止火车，而这样小小的青虫，竟能阻止它进行。后来，在轮子上加了铁索，好不容易才照旧开驶。

四　蛱蝶

蛱蝶科的蝶多是中等身材，常在花间往来，有时集在树枝上，有时在河边砂砾间徘徊。蛱蝶科有一种应该特别说明的特征，就是前肢退化，无爪。属于蛱蝶科的蝶，现在已经知道的数量，全世界共有5000多种。下面主要介绍其中有特性的两三种蝶。

柳紫闪蛱蝶

柳紫闪蛱蝶（*Apatura ilia f. substituta*）是两翅张开达68毫米左右、中型的美丽蝴蝶。雌蝶有橙黄色的翅，而雄蝶的翅是黑褐色、中室是橙褐色，此外再加黑色、橙色及黑褐色的斑纹。雄蝶有时静止在柳叶上，夸耀似的将两翅开合不停，这好像是在利用外表来引诱雌蝶。若鸟及其他动物靠近，它便立刻竖起翅膀，准备飞翔的姿势。它们翅上的黑褐色，能因太阳光线的方向，变成各种紫色闪光，距离很远都能看到。虽然没有人看见这种蝶吸食花蜜，但知道它们也要舔食糖汁。因为曾有某采集家用糖汁诱捕蛾类，而连这种蝶也捉得了。那么它究竟吃什么度日呢？答案是有时会吸收树干的液汁，但最喜欢的还是动物的腐肉，猫、狗、鼬鼠等尸体的肉汁，是它常食的佳肴。据哈蒙斯博士说，用臭气熏天的牛酪，可将这种柳紫闪蛱蝶引诱来。它们有时集在牛粪、马粪和别的兽粪上。若炎热的夏天，也有在森林中小河边喝水的。有时，它们静静地停在高高的树梢头，等待同类飞来。若雌雄相遇，就会立刻一起飞去。我们若利用它们这种特性，用网引诱，倒可捕获许多。现在大都市附近这种蝶逐渐减少，像伦敦、柏林、巴黎等地方，只

赤紫蛱蝶（雌）

能在博物馆看它们的标本，野生的很难遇到。它们的幼虫，呈绿色、头部有两只长角，吃柳树的叶子。

赤紫蛱蝶（*Hypolimnus missppus*）是热带和半热带地区的蝶。我国南部一带，常能看到。它们虽从东洋一直分布到阿非利加（非洲），但不论在哪处，数目总不多。这蝶有趣的地方，就是雌雄异形：雄蝶两翅张开，只有60毫米，但雌蝶却大得多，有90毫米左右。雄蝶呈橙色的翅，上面散着白色的斑点，雌蝶是紫蓝色，前翅前缘及翅端的大半是黑色，斑纹是白色及黑色，脉和外缘也是黑色。雄蝶的色彩和斑纹，大概相同。但雌蝶呢，即使是一母所生，色彩和斑纹，也大大不同。这事却苦了采集家，有时竟错误地给它们加上各异的学名。它们的色彩斑纹如此多变，的确好像有某种理由，就是这种雌蝶和一种桦纹斑蝶很相像，在野外看到它们，简直难以分别。若制成标本，容易辨别，桦纹斑蝶的雄蝶后翅有臭腺，而赤紫蛱蝶只有黑纹。桦纹斑蝶也是我国闽广一带最普通的蝶，能渗出一种毒液，帮助它们从各种动物的追击中逃生。而赤紫蛱蝶的雌蝶模仿它们，也想同样逃出食肉性动物的虎口，这就是赤紫蛱蝶的色彩斑纹有种种变化的原因。它们的幼虫，专吃一种杂草马齿苋的叶子，倒是一种益虫呢！

赤斑蛱蝶（*Arochnia levans*）是当春雪融净后，在森林的小道上或飞或止的小蛱蝶，所以它们是蛱蝶中最早出来的一种。两翅张开有三四十毫米，翅黑色，分布在我国北部一带。这种蛱蝶的特点是，它们的色彩斑纹因生长时的温度高低而变化。这种蝶每年发生两回，四五月里出现的，翅是黑色，上面有橙色斑点散布着，这叫作春型（*forma levana*），七八月里出现的，翅全部是黑色，上有八字型的白条，这叫夏型（*forma prorsa*），像这样变换色彩的，叫作气候的二型。第一回蝶是由越冬的蛹所羽化，而这种蛹，便是夏蝶所产的幼虫所化的。当初被它们的换形术瞒过，连采集家都认为是两种蝶，替它们各自取了一个学名。最初揭破这种黑幕，发现春型、夏型原来是同一种的人，是德国道尔夫马矣斯台尔氏。那位有名的华斯蒙教授，是这样说明的：春型是祖先形，而夏型是因气候变化而来的后得形。大概在冰河时代，这种蝶全是春型，后来，冬季缩短，气候渐渐暖起来，夏型方才发生。所以有一个有趣的实验：我们如果把应该成夏型的蛹捉来，放在冰箱里，那么它就化成春型了。反之，要将春型改

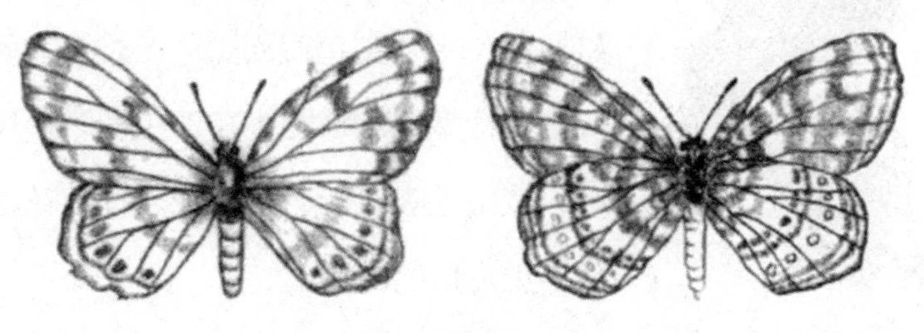

赤斑蛱蝶

成夏型，虽不是不可能，但过程比较麻烦。而且，还可由增减温度，人工地造成种种中间型的赤斑蛱蝶出来。可见自然界是有种种变化的，并且在不断地发生。

五　凤蝶

凤蝶，有凤子、凤车、鬼车等异名。它形大色美，的确是蝶类中的“凤凰”，得到这样一个名字，也是“蝶如其名”。关于凤蝶，有一个神话，说是一对有着悲惨结局的恋人梁山伯、祝英台，他们死后魂化为凤蝶，形影不离地在花间徘徊。于是，有的人就把德美凤蝶叫作梁山伯，把黄凤蝶叫作祝英台。属于凤蝶科的蝶，全世界共有800种，现在就选两三种来讲讲。

德美凤蝶（*Papilio demetrius*）是黑色种内最普通的一种，分布在我国中部、南部。两翅张开有90毫米到120毫米，前翅暗色，有两黑条；后翅是同天鹅一样的黑色，但环纹和弦月纹是橙色；尾状突起短而黑色。雌蝶的颜色淡些，体型比雄蝶更大。幼虫要吃橘树的叶，成虫是吸花液，百合花、杜鹃花上尤其常见它们的踪迹。

德美凤蝶

凤蝶的习性很有趣，它们有一定的

会集场所，那些花咧草咧，可吃的什么都没有，但某个时期大家一定去聚一聚。大概因为到那里去，容易碰到异性吧！我们有时看见它们沿着高高的山脊飞行，这大概是去赴会的。只要把它们在山顶会集的场所找到，便不论多少只都可以捉到了。有的地方的人把雌的德美凤蝶作为囮（媒鸟），只需坐在河边，等待雄蝶飞来。这是利用德美凤蝶强烈的本能，可以毫不费事地捉到它们。有时德美凤蝶的会集场所设在河滩头，尤其是炎炎夏日，它们必定要到这里来喝水。这时，即使不用囮，如其肯耐着心等待，也可捉到许多凤蝶。

阿波罗绢蝶（*Parnassius apolla*）产在欧洲山地，两翅张开有30毫米，翅污白色，有黑斑，后翅有很大的红斑。它们遇到威胁时，便会装假死，落在地上。这时，即使用手去捉它，也毫不动弹，把它投掷开去，也毫无反应。若把它放在枝叶上，仍旧装死，一动不动。要经过很长时间，再给它一种刺激，方才动起来。这也许是后得的一种习性，因为装假死来避免敌害，是动物的通性。

此外，这种蝶还有一个特别点，就是雌蝶的尾端，有一卷附属物。这究竟有什么用处呢？过去谁也不曾说明，后来据日本松村松年氏说，这卷状附属物是交尾时候，雄蝶的分泌物接触空气而硬化的。所以这是受精的证据，有这等附属物的雌蝶，可以断定已经不是“处女”了。这种附属物的形状和颜色，各不相同，一般是白色，也有淡黄色、灰白色。

拟稻眉眼蝶

此外还有翅上有两重圆斑的眼蝶科，像拟稻眉眼蝶（*Mycalesis francisa f. Perdiceos*）、苔娜黛眼蝶（*Lethe diana*）等，以及小形而翅上多白色斑纹的弄蝶科，如茶弄蝶（*Hesperia Zona*）、一字弄蝶（*Parnara guttata f. assamensis*）等，因为没有什么特点可说，这里就省略了。

六　卵和幼虫

谁都知道蝶是要经过几次变化，才会插上美丽的四翅，在空中蹁跹作舞。所以在发生方面，这里不再详说，只把各科的特点，简单介绍一下，以供采集时参考。

蝶类的卵，若用显微镜放大了看，便知道有种种形状：凤蝶科的卵，大概是球形，像珍珠般发光；粉蝶科的卵是细长的，像个酒瓶，有些卵的上面还有纵襞（*bì*）；蛱蝶科的卵，同珍珠结成的球一般，有纵襞和网孔状突起；小灰蝶科的卵，多呈大丽花形。

它们产卵时，以一粒一粒产为原则，但黄凤蝶（*Luhedorfia japonica*）以及属于蛱蝶科的，是几粒几粒产的。至于附着卵的位置，更没有什么规律，像凤蝶科里的凤蝶（*Papilio xuthus*）是将卵附在将来的幼虫食料的柑橘等树的叶子表面，但黄凤蝶、粉蝶和黑筋蝶（*Pierisnapi f. nesis*）是产在叶底，而同属粉蝶科的黄纹蝶（*Coliad hyale f. pollographus*）却要产在叶面。至于那有名的枯叶蝶，偏偏不把卵直接产附在幼虫要吃的山靛（*Sapium sebiferum Roxb*）上面，却产附在覆盖在山靛上空的大树枝上，孵化的幼虫从枝上落下恰巧掉到山靛的叶上。

蝶类的幼虫，我们常常叫它青虫或毛虫，构造和蚕一般无二，全身可分为头部及由13环节组成的胸腹部，第一到第三环节，各生着胸足一对；第六到第九环节，以及第十三环节，都各生着一对腹足。可是形状方面，真是千奇百怪：诸位大概都见过吃橘树和柚树叶子的橘虫吧！如果碰一下它们，会立刻从第一环节的背面，伸出两只黄色肉角，发散出一种臭气。这就是凤蝶的幼虫。凤蝶科的幼虫，都有这样的肉角。

凤蝶的幼虫，当从卵孵化出来的时候，并不是这样绿油油的。最初是褐色中夹着几块白斑，容易被错认为鸟粪。随着长大，幼虫的颜色逐渐发生变化。

粉蝶科的幼虫，形状比较普通，身上生满微毛。蛱蝶科的幼虫，头部和胸腹部，都有刺状的突起，所以通常叫它毛虫，不过这突起也因种类不同而有长短。小灰蝶科的幼虫，都呈馒头状，把头部缩紧。

蝶类的幼虫，有许多都集在叶底吃叶，但喜欢在叶面的也有很多，而且还有些用丝攀住叶子，稳固地集在上面的。像蛱蝶科中的墨蝶（*Dichoragia nesimachus f. nesiotes*）等幼虫，当移向另一片叶时，常把头转向左右，呈“8”字形摆开，然后就挂上一根丝。此外像赤蛱蝶、黄蛱蝶（*Polygonia c-aureum f. Pryeri*）、绿小灰蝶（*Zephyrus taxila*）的幼虫，常将所吃植物的叶子，用丝卷起来，或者将几片叶牵拢，然后自己住在里面。

蝶类幼虫不像蛾类幼虫那样，把全无类缘关系的多种植物都放在肚子里，而它们是只吃几种类缘极近的植物。类缘相近的蝶类幼虫，又往往吃同一种植物，像凤蝶科，会吃柑橘类；纹白蝶科会吃十字花科植物；蛱蝶科的柳紫闪蛱蝶和墨蝶，会吃朴树的叶；眼蝶科的全部，和弄蝶科中的多数会吃禾本科的叶子。小灰蝶科幼虫的食性，稍稍和别的不同，像亮小灰蝶、琉璃小灰蝶（*Lycaenopsis argiolus f. ladonides*）、小燕小灰蝶（*Satsuma ferrea*）等的幼虫，是喜欢吃花和嫩果的。最特别的，是碁子小灰蝶的幼虫，它要吃竹叶上的一种蚜虫。蝶类的幼虫，大部分是吃植物的叶子，连蠹（*dù*）入髓部和吃贮藏的谷类的都没有，这种食肉性的碁子小灰蝶，倒是显得很特别。

七　倒挂的蛹和长寿的蝶

蝶类的蛹，大多呈灰褐色和绿色。但形状方面，各不相同：蛱蝶科、凤蝶科、粉蝶科、弄蝶科的蛹，前端常有长的突起；凤蝶科、蛱蝶科的蛹，有的身上有凹凸，有的有多处突起；小灰蝶科的蛹，呈馒头形。关于蛹的色彩方面的有趣现象，是绿色的蛹多附在绿叶间，褐色的蛹多附在树干和墙脚上，动物适应性的奇妙，真叫人惊叹。产生这种现象的原因，还不是特别清楚，大概是化蛹前受周围色彩的影响。

蝶类的蛹，大都不在茧里，不过幼虫要卷叶，或要几片叶牵拢，蛹也仍旧在这里面——尤其是弄蝶科的蛹，坚牢地将几片叶缀合，不妨说就是茧。凤蝶科、粉蝶科、小灰蝶科、弄蝶科的蛹，用丝将尾端牢牢地附着在他物上，还绕着后胸或第一腹节部分，成束带状地络住，蛱蝶科、眼蝶科等，只把尾端固定，蛹却颠倒地挂着。所以前者叫作带蛹，后者叫作垂蛹。

蝶类多在晴朗的昼间飞翔，但眼蝶科和弄蝶科中有几种，常常像飞蛾一般，夜间扑火飞来。即使昼飞的蝶，也各有一定的出现时间。例如，绿色小灰蝶之类，常在清晨和傍晚出来，在高高的枝头群飞。它们喜欢飞翔的地方，也是因种类而各异，多数爱在阳光照耀之处飞翔，但眼蝶科，多喜在阳光照不到的阴地。

蝶类是比较长寿的，大概可活到十多天，或几十天。它们会遇到许多危险和艰难，甚至身上美丽的双翅被弄得碎纷纷——尤其是鸟类，总是瞄准了它翅上的斑纹而啄，这种情况蝶就会舍弃翅膀而逃命。

八 神话和迷信

我国关于蝶的神话颇多，最为人熟知的是梁山伯和祝英台，还有说蝶是韩凭夫妇化成的。此外还有说是破衣服变成的，下面就引用一段《罗浮山志》的记载吧。

山有蝴蝶洞，在云峰岩下。古木丛生，四时出彩蝶。世传葛仙丹（晋代炼丹的仙人葛洪）遗衣所化。

日本人把凤蝶科的带蛹，叫作缢虫（因为项间有带络着），因而产生一则神话，说是在元禄年间，摄州尼崎的城主青山大膳亮家里，有一位家臣长，名叫木田玄蕃。有一天，他在进膳时，发现饭里有针，心想一定是烧饭的女婢阿菊有意要谋害他，于是就把她抛入井中。此后每到忌日，寺里总发生这种虫。

埃及人相信蝶的变态，是人类灵魂历世升天的缩影，因为蛹活像木乃伊。而且把蝶作为恶西利斯神的象征。希腊、罗马又把蝶作为社夫鲁神的象征。

英国各地，有关于蝶的种种迷信，例如，见三蝶同飞，是有人将死的前兆；蝶入家中，主家族中将有人死亡；若是从窗口飞入的，那死的一定是幼儿；若停到人的头上，则是给人送喜信；夏天，如果人能捉得第一次见到的蝶，那么他将得到幸福。

九　应用美翅的工艺品

“豹死留皮”，是一句很通俗的话。蝶类死后也会留下一双美翅，供人们应用。常见的是从死蝶身上采来美翅，装饰在各种工艺品上，其中最美丽的要属南美洲所产的一种蝶翅。那些青白色的翅，光泽同丝织品一般，而翅脉又恰恰像褶襞，所以把它作为妇人的长裾，当然配上蝶的头、胸、两臂，装入镜框而出卖的也有。还有的装在戒指上，或嵌入玻璃内，作为耳环的装饰。在日本，有把蝶夹在两片玻璃中，做成花盆或茶杯的垫子而售卖。

蝶类还有一种特性，顺便在这里一说，作为全篇的结束。

我们知道蝗虫经常集成大群，飞到很远的地方去。但蝶类也有群飞的特性——尤其是赤蛱蝶，常常有关于它们群飞的报告。从前非洲有一次赤蛱蝶大发生，竟飞渡地中海，到达欧洲北部。据说冒着逆风，在大海上飞行的蝶，像池面飘舞的落叶，有时，它们也会在水面上停翅休息一下。

日本在昭和五年八月二十一日那天，也有一字弄蝶的大群，从近江的石山，经过大阪，直到垂水洋面。听说一字弄蝶的大发生，和水灾有联系。

第四章

蝉

轻松导读

幼虫时期，蝉在土中生长的时间很长，有两三年的，有九年的，甚至有十七年的。可是成虫期却非常短暂，四五个星期就会死去。真是可惜！雌蝉在出土后半个月左右便开始产卵了。一只雌蝉，大约能够产三四百颗卵。雄蝉会鸣叫，雌蝉不会鸣叫。关于蝉，还有哪些知识呢，我们一起来读读下面的文字吧。

一 种类和异名

当春蝉传来几声轻快的调子，人们便会不知不觉地有一种飘飘然的春感。即使不曾看到花开蝶舞，但是油蝉从绿叶茂密的枝头，传播它煎炸似的声音，仿佛自己也在油锅中煎炸。它不但来报告夏季已到，而且要用这种单纯尖高的调子，凭空增加不少炎热。听到如泣如诉的秋蝉歌声，人们心中往往生出一种凄清寂寞之感。尤其是诗人，便会写出“悲秋”“秋感”的诗歌来。所以在昆虫的世界里，即使有许多出色的歌手和琴师，但能够从春到秋，轮流地用各种相应的声调，使人们凭听觉，便知道时令更迭的，除蝉之外，恐怕找不到别的了吧。

《埤雅》上说："……谓其变蜕而禅，故曰蝉。"这是蝉得到这样一个名字的原因。日本人叫它"背见"，因为两颗高高突起的大复眼，使自己能够看到背脊。当晚春四月，蜜蜂正嗡嗡地在花丛中忙碌时，春蝉便悠闲地在枝头开始唱歌了，接着是临风高歌的蟪蛄油蝉、茅蜩，夏去秋来，更有多情寒螀（jiāng），低唱别曲，做最后的点缀，现在就按照它们出台演奏的节目单，各自介绍一下它们。

春蝉（*Terpnosia pryeri Destant*）又名蛁（níng）母。《事物绀珠》中说："蛁母似蓁而细，二月鸣。"其实，春蝉要到四五月里才出现，体长27毫米，两翅张开有67毫米，黑色而有金毛；腹部短小，呈灰白色，基部是暗褐色。常在山中松林里，"其——滑，其——滑"这样起劲地鸣叫。

蟪蛄（*Platypleura kaempferi Fabricius*）的别名最多：方言"齐谓之蛥蛁，楚谓之蟪蛄，秦谓之蛥蚗，自关而东谓之虭蟧（liáo），或谓之蝭蟧或谓之蜓蚞"，更因为它是初夏才鸣，又名"夏蝉"，体形较小，长约23毫米，两翅张开是70毫米左右，体阔而扁，呈黄绿色，上有黑纹，前翅有不透明的黑褐斑。七八月里，从早到晚，它不绝地在森林中，用"尼——尼——"或

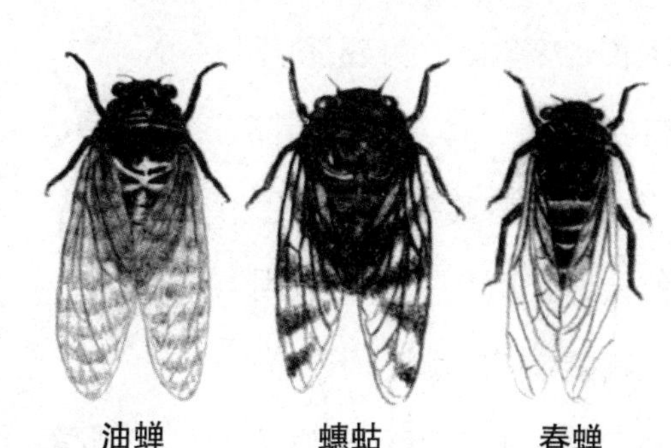

油蝉　蟪蛄　春蝉

“西——西——”的清越声调歌唱。

油蝉（*Graptopsoltria corolata Stal*）是最普通的一种蝉，书上多称蜩（tiáo），通俗叫作蜘蟟或知了。体长36毫米，两翅张开有100多毫米。身体肥厚，现黑色，胸部略带褐色，肚子上面还有一层白粉盖着。两只大复眼的中间，有红宝石似的三点单眼，在发光。翅是褐色，但前翅的脉现绿色，而沿着翅脉的两边，带些黑色，看上去像树皮。在七、八、九月，常常到人家附近，用“其——其——”这般单调而高的声音，从清早直叫到日落西山。

茅蜩（*Leptopsaltria japonicas Horv*）身躯较小，雄性长37毫米，雌性长27毫米，体呈黄褐色，上有绿纹，腹瓣小，是带绿的黄白色。从7月到9月出现，每天早上或傍晚，常常唱着“加那加那——加那加那——”这样简单的曲调。同时期出现且常常合奏的，还有一种蛁蟟（diāo liáo）（*Pomponia maculaticollis Motschulsky*）。

寒蛰（*Cosmopsaltria opalifera Walker*）有寒蝉、秋蝉等别名。体长27毫米，两翅张开有79毫米，体细长而黑，头、胸部有黄绿纹。到了秋天，它就在人家附近用哀婉凄清的歌调，来致惜别之歌，所以古人常有什

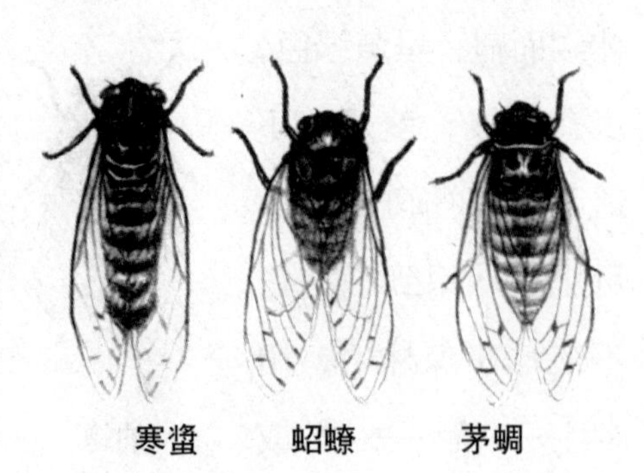
寒蛰　　蛁蟟　　茅蜩

么“寒螿泣”的描述。据《埤雅》中说，寒蝉本来是哑的，得了寒露冷，方才能鸣。这就是“噤若寒蝉”成语的根据，因此它又得了一个“哑蝉”的称呼。

此外还有美国的十七年蝉，和产在南洋苏门答腊、两翅张开有200毫米以上、算是全世界蝉类中最大的皇帝蝉。

二 蝉的一生

雌蝉在出土后半个月左右，便开始产卵了。它用一枝长的产卵针，斜斜地向树干插进去——这时，它的肚子一伸一缩，两刃穿孔锥静静地活动。到全部没入时，就伏着不动了。大约经过10分钟，产下1颗卵，然后将产卵针缓缓拉出。于是用两刃穿孔锥开的洞，自动闭合了。接着，产第2粒卵的工作开始了。

大蝉的卵，同白象牙般艳丽，两端略略尖细，呈纺锤状，雄卵排成一线；小蝉的卵，要比较小些，排成整齐的几行。到了9月底，这种象牙般艳丽的白色，变成小麦似的褐色。1月到10月初，前端有栗色的两个圆点，透露出来，这就是小动物的眼点。当蚁一般的幼虫，从卵孵化出来，已是10月底。它的卵期大约是六七个星期。

这种幼虫从树上落下，或者跟着枯枝一同落到地面，于是它就向地中钻，钻，钻，直钻到三尺（1米）多深的地下，在那里吸收树根的汁液。这时，全体深褐色，肚部带点儿白色，而肚面的中央，还有一条乳白色的纵线，前肢的胫部，非常膨大而且有几个突起。中国古代，把它叫作蛴螬。

在地下蜕皮的次数，多说25~30回，现在知道的只经过四回变成拟蛹的叫作腹育。拟蛹全体淡褐色，长着翅鞘，从地中爬出，攀登草木。经过最后一回蜕皮，便变成蝉。于是长期的黑暗生活完结，又重见光明了。它脱下的皮，往往一径黏在树干上，这叫作蝉蜕。

成虫期十分短促，大约四五星期，便要死去。但幼虫期很长，普通是两三年，印度有9年的，美国有17年的，十七年蝉（*Trbicina seplendecim Linnaeus*），在昆虫世界里，算是“寿星”了。

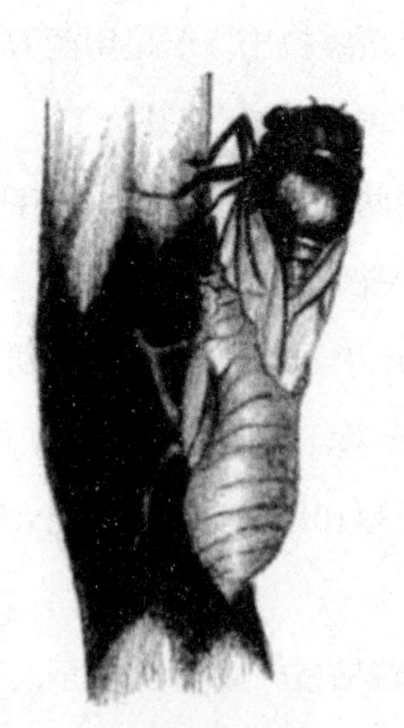

正在羽化的蝉

留在树干上的蝉蜕

蝉的地下生活期那么悠长，所以每年要耕锄几回作物而常常变换的田地，并不适于它的生长。只有像森林、果园等地，有树木而又不大耕锄的地方，才能方便它成长。

三　蝉歌

我们试看临风高歌的蝉，只有一根针一般的口器。这种口器不用说唱歌，连咀嚼都不成功。那么，它究竟用什么发出这样嘹亮的声调呢?《淮南子》中说："蝉无口而鸣。"这无口而鸣，在古代被认为是一件奇事。但《真珠船》记载："余见蝉两胁下有孔贯，能振迅作声，谓以翼鸣，非也。"可见那时古人已经发现蝉发声器的所在处了。

雄蝉的胸部下面，紧贴后肢，有两块半圆形的板，叫作腹瓣。我们试把这腹瓣揭起，左右有两个大大的空窝。窝的前面，是淡黄色的，由美丽的秋膜遮住，后面有肥皂泡似发虹色的膜，这叫镜膜。腹瓣、黄瓣、镜膜，通常也称发声器。可是，用铗将腹瓣取去，扯破黄膜，割开镜膜，它还是依旧唱个不歇，只不过调子变了，音声没从前那样响亮了。其实左右空窝是不发声的反响器，前后膜的振动，使音声更响，腹瓣或多或少地半开，使音声变化罢了。真正的发声器在别处。

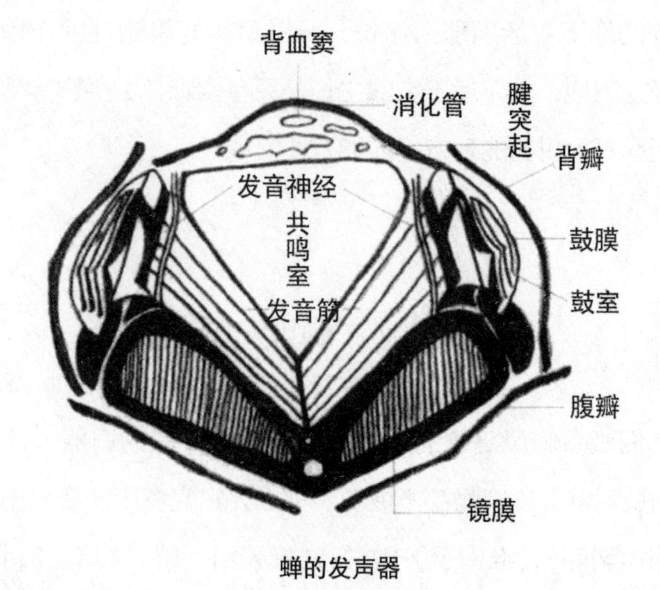

蝉的发声器

粗心的人，要想发现蝉的发声器，是相当困难的。左右空窝的外侧，腹背接合的地方，有一个小小的孔，一个平的腹瓣盖着，里面比左右空窝更深，但有十分狭窄的一条隧道，这叫鼓室。后翅着生处的后面，有卵色而低低的隆起，这就是鼓室的外壁。如果把它揭去，那么发音的鼓膜便看到了。白色卵形、向外凸起的干燥小膜，从这端到那端，有3条翅脉束通过，使膜有弹力，而且在两边又镶上了硬框。这凸起的膜，被往里面拉去时，就变形凹下，此后由有弹力的翅脉作用，急激地照旧凸出，这样一凹一凸，便发生“格格”的声音。

我们在幼年时代，曾经玩过“乒乓”。这不是乒乓球，是用极薄的玻璃制成的底部微微凸起的瓶子，衔在嘴里一吸，瓶底便一凹，接着又因玻璃的弹力作用，向外凸出。一凹一凸，便发生

“乒乓”的声响。蝉类鼓膜因一凹一凸而发声的原理，完全和“乒乓”一般。不过“乒乓”因人们的吸气而凹下，蝉类的鼓膜，又是什么东西在拉扯呢？这是应该研究的问题。

我们再看空窝，把前面黄色的膜切破，就可看到苍白色呈“*V*”形的两根粗筋肉柱，尖端附在腹面中线的内侧，这就是发音筋。两根都呈空心的截筒形，再从截口放出短的细纽，名韃突起，附在鼓膜上。由这两根筋肉柱的一收一放，鼓膜跟着凹凸振动，便发生声音，再因空窝的反响作用，镜膜、黄膜的帮助，腹瓣的开合，才变成嘹亮抑扬的歌调。法国昆虫学家法布尔说它是“高叫的聋子”，终究是否聋，还不能确定，但声调的确很高，因为它有这样一副完美的发声器。

油蝉

蛁蟟

寒蜇

三种蝉的曲谱

不过鸣的全是雄蝉，雌蝉是不会叫的。所以希腊时代有两句传诵一时的名句：“幸运的蝉啊！你有哑巴的妻子。”

各种蝉，都按着各自的曲谱，抑扬高低地歌唱，这是谁都知道的。现在把油蝉、蟪蛄和寒蜇的歌谱附在这里。当我们在竹榻上午睡醒来时，不妨看谱听歌，看它唱错了没有。

四　敌人

一只雌蝉，大约要产三四百颗卵。卵在生长期间，将遇到种种危险，蝉只好以多产来抵抗。可是，真想不到，连长成后的蝉，还要受到比别的昆虫更多的灾难。它具有锐利的眼光，迅速的飞行力，而且又在高高的树枝上，不怕什么东西的暗算，似乎已具有十分厉害的避敌本领了，但雀偏偏爱吃它。当它得意地高唱时，雀像很有计策似的，悄悄从邻近的屋顶，钻入树荫，突然扑住了“歌手”。“歌手”大吃一惊，发出尖厉的声音，雀却毫不放松地用嘴向左右乱啄。雀知道这是雏鸟们爱吃的食饵，更细细地裂成几片，匆忙地衔回去。有时蝉知道攻击者来了，就对准它的眼，灌射一泡尿后飞去。

还有比雀更可怕的敌人，这就是螽（zhōng）斯。蝉，耐着炎热，奏了一整天的交响乐，一到夜里，总想休息一下，可是在这休息时间中，还要屡次受别人的打搅。有时从茂密的树荫中，发出短促而尖锐的悲啼，这说明它遇到喜欢在夜间打猎的螽斯的袭击了。螽斯扑住了蝉之后，先向它的腹侧，开一个洞，把肚子里的东西拉出来，把各种“乐器”饱吃一顿后，再将这“歌手”杀死。当这披着绿纱的强盗，追赶惊飞的蝉时，完全同鹰隼在空中追赶云雀一般。鸟类更多地向比自己弱小的生物进攻，螽斯恰恰相反，是要攻击比自己更大、更强的“巨人”。它用强大的颚和锐利的爪，去剖没有武器、只会高叫的俘虏的肚子，这并不费力。至于螳螂捕蝉，更是大家都知道的故事。

五　蝉花

中国药草里，有一种虫草，又叫蝉花，这向来被看作是一种奇异的东西。据说它在冬季里，便会化成虫，躲在泥土中，一到夏季，又化成一根草，钻出地面来。假使你从药店里买一根来试试，的确上面是一根草茎，下面是一条虫。这难道不是一个宇宙间的谜吗？其实一点都不奇异，原来这是蝉的若虫：地下黑暗潮湿，很适和菌类居住，所以当蝉的幼虫在地下过活时，难免要受菌类的攻击。有一种菌，寄生在蝉的若虫的肚子里，在里面发育长大，和寄生于人们肚子里的绦（tāo）虫、蛔虫一般。到了蝉的若虫时代，菌已在窄狭的肚子里容不下了，它就毫不客气地穿出背片发芽滋长。这时，如果被人们挖到，便被认作正在化草

蝉花

的虫，于是叫它冬虫夏草。在唐代的《酉阳杂俎》中，有这样一段记载，倒可作冬虫夏草的旁证：

> 蝉未脱时名腹育，相传为蛣蜣所化。秀才韦翾庄在杜曲，尝冬时掘树根，见腹育附于朽处，怪之。村人言蝉乃朽木所化也。翾因剖一视之，腹中犹实烂木。

腹中的烂木，也许就是寄生的菌类，因此倒因作果，发生烂木化腹育的神话，我（著者）是这样想的。

不过冬虫夏草，也有由其他昆虫的幼虫变成的。

六　史话

唐朝的时候，京城里那些流浪者，一到夏天，就捉蝉来卖。他们嘴里连声嚷着："只卖青林乐。"小孩子争着去买，用笼子挂在窗口，听蝉的清歌。此外，还有验蝉发声的长短，来定胜负的地方，叫作仙虫社——见《清异录》。

希腊时期，蝉也同样被当作娱乐品，被人们放在笼子里养着玩。雅典的妇人，喜欢用黄金造的蝉，装在簪头，插在髻上。那时的竖琴上，多装饰一只蝉，作为乐器的标识。

唐代的大诗人杜甫和韦某曾经有过关于蝉的一个故事：据

说当有朋友来的时候，杜甫总要带自己的妻子出来见见。韦某见了杜甫的妻子后回来，又差自己的妻子，送一只“夜飞蝉”给杜甫的妻子做装饰品。但这“夜飞蝉”究竟是不是真蝉呢？还是也同雅典妇人所用的黄金蝉一般，是制造的装饰品呢？还无法考究。不过《物类相感志》中说：妇人佩着干制的茅蝉，能够增进夫妻间的感情。因为这种茅蝉，当停在茅草根上时，是两两相对的。那么“夜飞蝉”也许是某种干制的蝉吧！

汉朝时，有个名叫牛亨的人，去问以博学出名的董仲舒，说道：“蝉的别名叫作齐女，究竟是什么意思呢？”董仲舒回答说：“从前齐国有一位王后，怨齐王而死。她的尸体就化成蝉，飞上庭树，悲哀地叫个不停，吐吐生前的怨气，所以叫作齐女。”——见《古今注》。这可算是一则关于蝉的神话。

七　蝉和蚁的寓言

凡是有名的事物，总有种种关于它的故事，尤其是昆虫。凡具有某种特点能引起人们注意的，就常被采作民间传说的材料。创造这些故事的人，常把动物世界当作人间世界来演述。这般创造出来的故事，究竟是否真实，实在是一个大问题。

例如，儿童读物上常看到的蝉和蚁的寓言，大意是说：有一只蝉，在夏天时，临风高歌，非常得意。到了冬天，因为没有贮藏粮食，向它的邻人蚁商借。蚁便说："你在夏天唱歌，那么现在跳舞好了。"可怜的蝉，便只好活活饿死。

这则寓言，在道德方面的缺点，且不去说它。从自然科学的知识方面来看，恰恰相反。能够独立生活的蝉，绝不会站在蚁巢口诉饥，反而是贪婪的蚁，凡是好吃的东西，不管什么总会往自己的仓库搬去，倒有为饥所逼向"歌人"商借的事。不，其实不是商借。在掠夺者的世界里，从来没有借还。它们是将蝉围住，自己动去手抢。现在我就讲一则有趣的鲜为人知的掠夺故事吧。

据法布尔说，7月的午后，许多小虫都渴得发慌，在干萎的花上徘徊。蝉却笑这些家伙不中用。它停在灌木的小枝上，继续歌唱，然后举起针一般的嘴，在树皮上开一个孔，快活地喝水。

许多在附近徘徊的渴者，望见甘泉外溢的井，立刻向这边过来，细心地舐食溢出的树液。这甘泉的周围，有细腰蜂、小蜂，以及许多的蚁。

小的虫子会钻进蝉的肚子下面，随之去往泉边。和善的蝉，对这些爬上身缠扰的流氓，总会让开一条自由通路给它们。但它们等得不耐烦了，它们就不管三七二十一地攻击，将开掘哨泉的人从泉边赶走。

这些攻击者中，最不肯放松的是蚁。蚁咬住蝉的脚尖，拉它的翅膀，攀到背上，或弄它的触角。有时竟像要捉住蝉的吻，把它从甘泉中拔出。巨人被孩子们缠扰得再也忍不住了，终于抛弃这甘泉，放了一泡尿走开。蚁掠夺的目的达到了，它们是泉的主人了。不过，汲水的唧筒不动，并又立刻干了。

这则蝉向蚁借粮的寓言，是希腊寓言作家夫恶台内根据印度传说而写的。当初的主人公，也许是别的一种昆虫。夫恶台内因为雅典没有这种虫，就用蝉来代替，结果使它平白地受了几千年的冤屈。

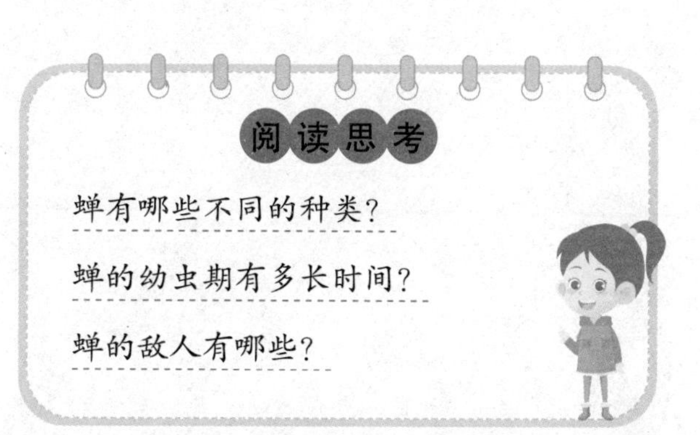

第五章

萤

诗人杜牧在《秋夕》中写道“轻罗小扇扑流萤”。本节我们就来说说“萤”。萤属于昆虫类，也要经过幼虫和蛹的时期。萤在幼虫时期，大部分以吃蜗牛为生。萤会发光，发光器的构造因种类和发育时期而不同。萤火虫发出的光是冷光，比人类用的煤气灯、电灯可安全便捷多了。

一　异名

夏夜残暑未消，便有绿莹莹的火星在河边池畔的草丛中，闪烁不停，穿梭似的飞舞。这多么使人惊奇啊！这些小小的和人类没有多大关系的小虫，早早就引起了先民的注意。希腊人叫它拉恩批鲁，意思就是“拖着灯笼走的虫”；我国不仅把含有两个“火”的“萤”字作为它的名字（萤的繁体字写作“螢”），而且还用“炤”（古“照”字）“挟火”“耀夜”“夜光”“自照”“丹鸟”等意义更明显的词语来作为它的名称。

二　种类

昆虫学上所说的萤和我们通常所说的萤，意义多少有点儿差异。凡是夜里发光的鞘翅目昆虫，都叫作萤，所以像美洲产的发光叩头虫，也包括在内。昆虫学上所说的萤，不单以发光为标准，虽不发光而形态相同的昆虫，也包含在内。严格地来说，是有"萤科"这么独立的一科。现在所知道的属于萤科的昆虫，全世界有4000多种，可是发光的还不到2000种。

石山萤（*Luciola vitticollis Kiesewetter*）是萤科里面最大的一种，所以还有大萤、牛萤、熊萤这些名字。雌雄都有前后两翅，前胸的背面，现暗黄或桃红色，这上面有黑褐色的十字纹。雄的小些，雌的里面有体长达到17毫米左右的。雄的第六、第七两腹节，带淡黄色，这就是发光器。雌者只第六腹节是淡黄色，第七节是红色的。大概5月中旬到6月底，在池边河畔出现,1月到7月，便看不到了。

桦太萤（*Licidila biplagiata*）分布在桦太岛（今库页岛）、西伯利亚、欧洲，是北方种的代表。雄的形态，个个不同：前后两翅和复眼都很发达，体长12毫米左右，前胸背部的前缘，有两个半透明的小白点。此外的边缘，都是黄色，背部全是黑色，身体的下面是暗褐色，但第六、第七两腹节出现黄色，里面有发光器。雌的后翅全然没有，前翅也存一些痕迹，所以不会飞翔，外貌简直同幼虫一般。体长有20毫米，发光器在第八腹节，能够放射比雄虫更强烈的光线。

此外还有窗萤，前胸背面的前缘有一对透明的椭圆形的天窗，当头缩进去时，可用复眼看到外面的动静。

小萤（*Luciola picticollis*）是黑色，体长9毫米，7月中旬到8月上旬，常在山中出现。黄昏时不发光，要到半夜前后方才赫然地放光。台湾地区所产的萤种，种类很多，而且身躯又大，雄虫的光线，委实好看，它停着的树枝，宛同大商店的虹霓灯。据说当日本人侵略我国台湾时，有一次夜里看到萤群飞舞，认作是有人拿着火把来偷营，赶忙发炮轰击。

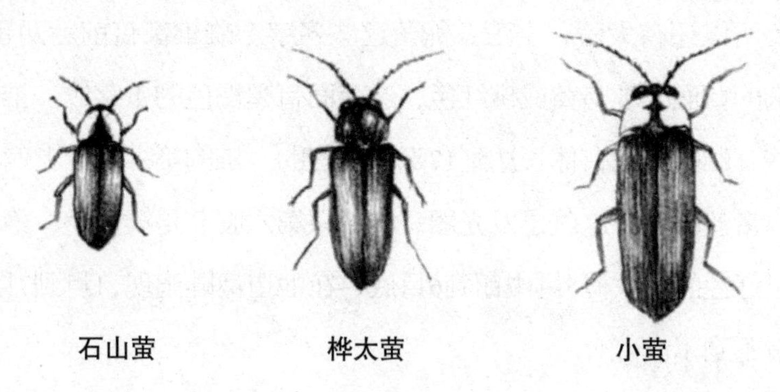

三 发生

古代的人们，对于萤这种奇特的小虫，虽已早早有了兴趣，用诗来歌咏。可是关于它的发生经过，没有闲暇时间做长期观察，所以便有种种错误的臆说发生：在日本，说是从马粪和狐粪变化出来的；在朝鲜，说是从狗粪化出来的；我国《礼记·月令》记载："季夏之月，腐草化为萤。"《格物总论》中更说得煞有介事，它说：萤是腐草及烂竹根所化，初犹未如虫，腹下已有兆，数日，便变而能飞。生阴地池泽，常在大暑前后飞出。是得大火之气而化，故如此明照也。

总之，不论日本、朝鲜还是我国，都把它归在"四生"中的化生里面了。现在，当然大家不会再相信这种化生说，不过能够知道萤的发生的真相的人，也不见得多吧！

萤属于昆虫类中的鞘翅目（*Coleoptera*），依然要经过幼虫和蛹的时期，方才能变成虫，它的卵是淡黄色的小粒，产在水边草根，夜里不断地发青光。里面胚子一发育，就慢慢变黑了。普通的产后一个月左右，便有淡灰色的幼虫孵化出来。幼虫的身躯，呈长纺锤状，两端尖细，上下扁平，由许多环节而成。三对步脚很发达，尾端稍前的两侧，有发光器，到了夜里，便放射青光。它在水边生活，捕食小动物——石山萤和小萤的幼虫，要吃螺蛳的肉。寒冷的冬季一到，便躲向地下去。直到来年4月，再出地面，继续生活。到了5月，又向泥中挖掘一个小小的洞，在里面蜕皮化蛹。蛹和成虫很相像，有短短的翅袋，全身呈淡黄色，夜里不断地放射美丽的光芒。生发光器的地方，虽因种类而各不同，但这种

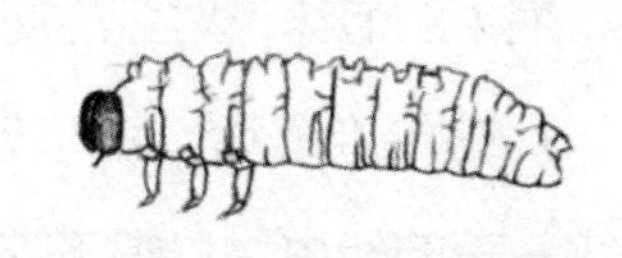

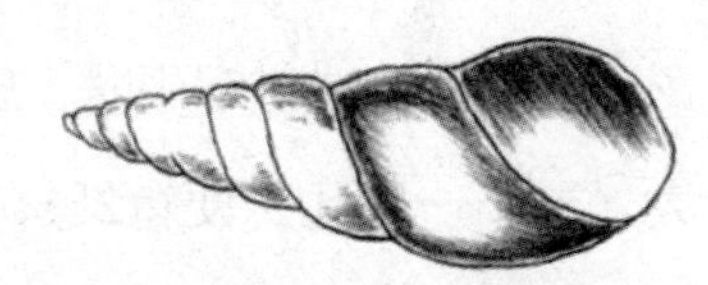

萤的幼虫和它要吃的螺蛳

美丽的光线，总能把浅色的身躯，照成透明，这是萤一生中最漂亮的时期。大约经过半月，体内的改造工程完毕后，它才蜕皮而爬到地面上来，我们就叫它“萤”。

四　奇妙的攻击法

萤虽是只吃雨露和可怜的小虫，但它在幼虫时代，却是颇凶恶的强盗。不论是住在陆上的，还是住在水中的，大部分是吃蜗牛过活。它们吃蜗牛之前，会先把蜗牛麻痹。它们用大颚注射一种麻醉性的毒汁。它们大颚的钩和蝮蛇的齿一样，中央是空的，恰恰像我们用的注射器。注射时的动作，又十分轻柔，绝不使蜗牛受惊而从草秆或墙上滚下来。这种毒汁使蜗牛立刻麻醉，丝毫没有遁逃的力量。这也和细腰蜂用毒针刺进毛虫的身体，使它们麻醉一般。蜗牛遇见危机的时候，赶忙分泌大量的泡沫，以此驱赶敌人，但萤的幼虫，尾端长着去除这种泡沫的12根肉状突起，蜗牛的泡沫，对萤的幼虫，并不能起到防御作用。

那蜗牛麻醉后，萤是怎样吃的呢？难道真的咀嚼吗？严格说来，萤的幼虫是只喝不吃的。它们和蛆虫一样，将食饵变成清汤而喝下去。对付蜗牛时，总是只有一只——不论蜗牛的身躯多大。过了一会儿，便有2只、3只、4只或者更多的陪食者，走过来了。对这位真正的所有者，并不发生什么争执，大家就一起开始吃了。经过两天光景，都吃得饱饱的才走开，这个蜗牛壳，依旧黏在当初受攻击的地方。如果你拿起来一看，里面只有一些留在锅底的残羹剩汁。所以萤的幼虫的口，除注入麻痹性的毒汁外还能够分泌一种能将筋肉化成汤汁的液体，这是无疑的。

五　萤火

如果萤只会残杀隐士式的可怜的蜗牛，没有其他的才能，也许不会被一般人知道。可是，它还会在尾端挂起一盏红灯。萤的发光器的构造，因种类和发育时期而各异：有蛹和幼虫相同的，也有蛹和成虫一样的。还有到了成虫时期，除本来应该有的之外，又有和幼虫相同的发光器。一般来说，成虫的发光器，是由紧贴在透明的皮肤下面的发光层和相对的反射层而构成。我们试把萤的发光器，削下一片来，放在显微镜下细看，那么便可看到表皮里面，铺着一层淡黄色细粉。这就是发光层，由许多大细胞构成。你若再仔细地看，便见四面布满了奇妙的管子。短而粗的管子突然分成无数密生的细枝：有的在发光面上蔓延，有的钻进里面。这就是气管和气管枝，和呼吸器官相连，它的作用在于充分吸收和分配空气，从而使这层淡黄色的细粉发生氧化作用。反射层由含着许多蚁酸盐或尿酸盐的小结晶细胞组成，呈乳白色。它的作用是不让光射到内部器官中去。

现在存在一个问题：这种淡黄色的细粉，究竟是什么性质的？学化学的人，起初认定是“磷”。竟有人将萤活活地煅烧，取出元素来试验，可是，谁也不曾得到满意的解答。后来又有说该物质是脂肪体，也还不曾得到可以公认的结果。不过发光作用是由发光层的细胞活动引起的，需要水和氧发生酸化作用，这确实是可靠的。

萤火只有色光线（可视线）而没有红外线（熟线）、紫外线（化学线）的辐射线，实在要比人们的灯经济得多。我们现在所用的煤气灯、电灯，都平白地产生了许多热量。这不单是浪费，而且容易发生种种意外的危险。如果人们能够制造萤火一般的冷光，那么既不会失火，也不会烫伤，风也吹不熄，雨也淋不灭，这将多么有趣！许多人想发明这种冷光灯，不知费去了多少心血，到现在还是徒劳。

“萤竟能随意处置这种光的放射吗？”对于这个问题，我倒能够回答得更清楚些：萤是能够照着自己的意愿做的，通过发光层的粗管，尽量吸入空气，光便增加；通气缓一些，或停止，那么光也弱了，消失了。气管上面布有神经，萤可以照自己的意愿收放。

萤火对于萤自身究竟有些什么用处呢？为了生殖关系，雌雄互相引诱用的，这是已经由种种试验而明白了的。那么和生殖毫无关系的幼虫卵子和蛹，为什么也会发光呢？这大概是威吓要吃它的动物，同时表明自己的肉是苦的，不适食用的，有一种警

戒作用。也许在幼虫时找寻蜗牛等的时候，又当作灯笼用的。

六 求婚

雌萤的火，明明是在引诱爱人，要求交尾。可是，再仔细一看，雌萤不是肚子下面有着火光，在照地面吗？那么雄萤在上空中绕飞，有时一直飞到远方，怎么能看到呢？照理，辉煌的诱惑物，不应该瞒过了关心者的眼，所以灯笼不应该装在腹子下面，最好装在背脊上。可是，你试把一只雌萤捉来，用铜丝罩罩住，周围放些花草，挂在高枝上，仔细地、耐心地看，便可以证明上面的推想，完全不合理。这时，它并不像在草根时那样安静，而是剧烈地运动，扭着非常容易弯曲的尾尖，向各方面起劲儿地活动，先扭向这方，回头又掉向那边。于是，不论是地面，还是空中，左右经过的那些在做恋爱探险者的雄萤们，对这耀眼的“招引之火”，一定会看到的。这也同转旋镜子捉云雀的方法一样，镜子静置时，云雀不会留意的，若骨碌骨碌不停地转旋，光芒很快地闪射，云雀便看得发呆了。浙江省绍兴一带，还有转旋雨伞捉鸦枭的方法，道理是一样的。

雌萤有招引求婚者的技术，雄萤也有从老远便能看到“招引之光”的灵敏视觉。雄萤的胸部，胀满成盾形，像同学生帽上的鸭舌遮阳一样，它的作用就在于收小视界，集中视力到目标的发光点上。

交尾的刹那，光十分淡弱，几乎消灭，只最后的环节上，有一点微火在活动。因为在举行婚礼的时候，若灯光辉煌，反而怪难为情的。这时，邻近的多数夜虫们，把自己的工作，暂抛一边，一齐低唱祝婚歌。

交尾之后，不久就产卵了。可是雌萤好像不会尽母亲的责任，它也不管是泥地还是新芽，乱撒一阵就算了。其实，这并不是产卵。

最奇妙的，萤卵还在母亲的肚子里时，就已经发光了。孕着成熟卵子的雌萤，你如果在无意中将它弄破，那么你的指头上便有发光的细长条子，这便是从卵巢中挤出来的卵块所发出的。而且到了产期临近，卵巢内的磷光便透过肚皮，放射出柔和的乳白色光。

七 轻罗小扇扑流萤

当繁星满天、皓月未升的夏夜，树荫草上，偶然随风飞来了几只萤，引得孩子们拿起芭蕉扇，嘴里唱着“萤火虫夜夜红”的歌曲，东追西逐地去拍，这是多么富有诗意的一幕——在这等情景之下，总不知不觉地要想到唐人“轻罗小扇扑流萤”的诗句。可是富贵人的思想，终究特别些：据《隋书》所载，隋炀帝

大业十二年，行幸景华宫时，特地征集了几斛萤，夜里，在山上放它，碧光点点，布满岩谷，真是好看。但萤火并不是专供荒淫皇帝取乐用的，它还能照顾贫苦的学生和旅行者呢！

黑暗的夜里，在萤光下的确可以看书，不过除狭小的范围之外，什么也看不到。你若把许多萤聚在一块，它们虽各自发光，但已成了光的交响乐，在我们的眼里，只见一团碧光。从前有一个贫而好学的车胤，就是用这种聚萤的方法，照着读书的。现在把《成应元事统》的记载，写在下面：

车胤好学，常聚萤火读书。时值风雨——因无法捉萤——胤叹曰："天不遣我成其志业耶？"言讫，有大萤傍书窗，比常萤大数倍，读书讫即去，其来如风雨至。

中美、南美和印度的萤，比我国的大得多。它们在苍绿如滴的热带森林中，成群飞舞，真像大雨之后流星满天。这种特别的萤，不单可以装点自然界，又是热带森林旅行者必不可缺的东西。在南美森林中旅行的人，不用什么灯笼和电筒，只需捉一只萤，缚在皮鞋头上便行了。他们靠着这萤火，可以同白天一样地赶路。一到天亮，便把这盏活灯笼，挂在树枝上，送给这天夜里的旅行者。所以在南美这个地方，这种萤很受人们的爱护。

墨西哥海上，从前是海盗出没的处所。航海的人，不敢点灯，竟用萤火代替。注重实用的英国人，总比别人会利用些，他们把萤装在玻璃瓶里，塞好口子，沉到水里，再用网去捉群集光边的鱼类。在日本，夜里钓鱼的人，常把萤火装在浮子上，这样便可知道有没有鱼来吃饵。西班牙的妇人，喜欢把萤包以薄纱，插在头发上，和我们戴花一般，年轻人更有把它装在衣服和马鞍上，作为一种饰物。这些都是连萤自己也想不到的利用法。

阅读思考

萤的幼虫是怎么攻击和食用蜗牛的？

萤火虫为什么会发光？

雌萤是怎么吸引雄萤的？

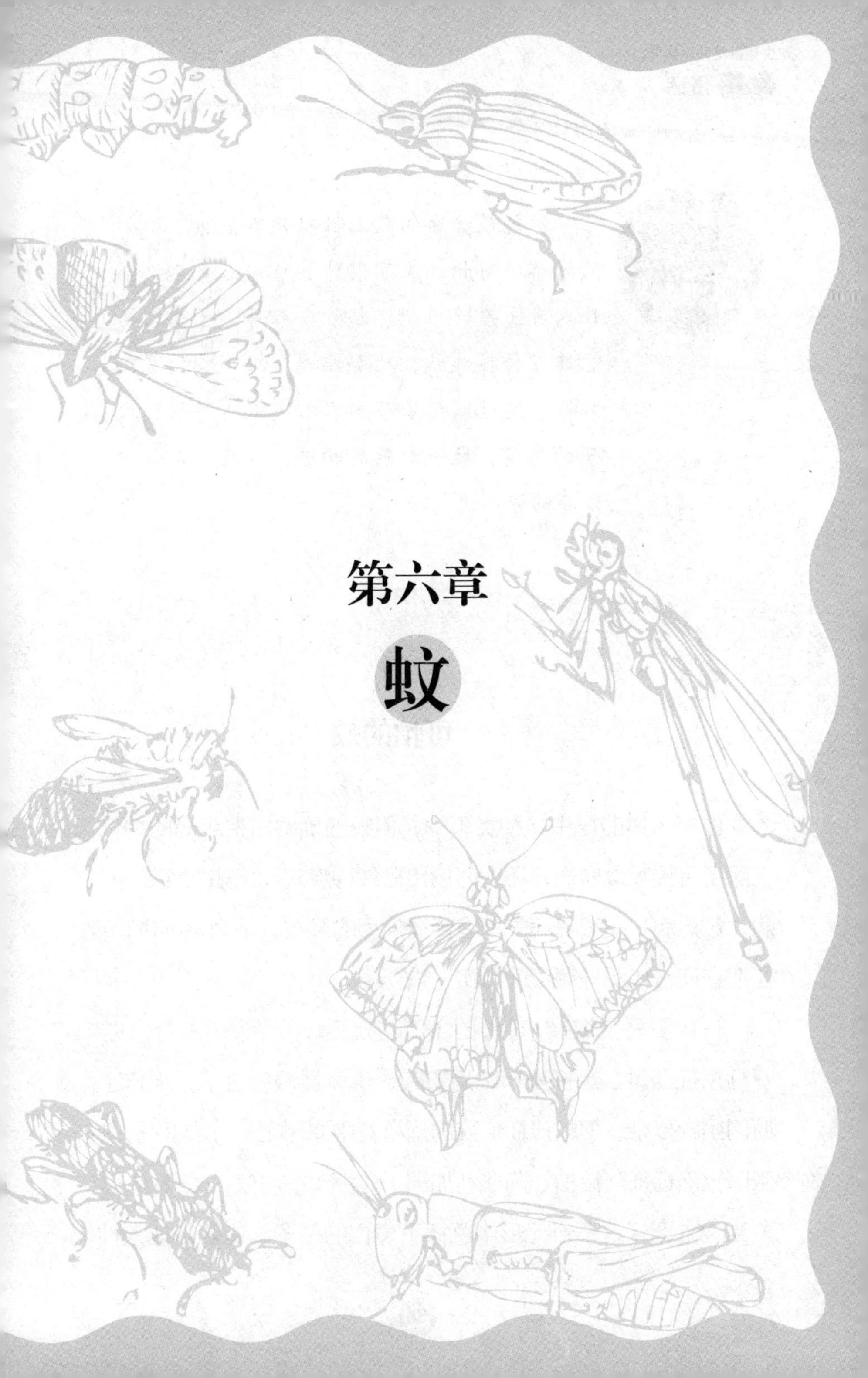

第六章

蚊

蚊是最普通的吸血性双翅类昆虫。小小的蚊子很可怕，除了因为它叮咬人之后，会让人身上瘙痒难耐、起红包以外，主要因为它能够传播疾病，比如疟疾、象皮病、黄热病等。通过阅读本节内容，我们能了解到蚊子的种类，蚊子口器的构造，以及它是如何发声的等知识。

一　可怕的蚊

侵害人体的昆虫，种类不少，但蚊的确要占相当高的地位。它除了直接吸食血液，还会间接传播种种疾病。比如疟疾、象皮病、黄热病、发疹热病等。它传播疾病的经过，下面再细讲，现在把它使古代罗马倾覆的事实，来介绍一下。

古代罗马曾煊赫一时，大概谁都知道，无须多说。不过当罗马东征西讨、远播威声之后不久，也就慢慢衰落了，灭亡了。原因虽颇复杂，但蚊传播疟疾的确是其中原因之一。当罗马为扩张国土而远征阿拉伯、阿非利加洲（非洲）的时候，曾俘虏了许多当地人回来，不料无形中就播下衰亡的种子。这些当地人种，有不少害着恶性疟疾，这病就由蚊传播到罗马民间。于是刚健好武的罗马民族，体质渐渐衰弱，而罗马国也同落日般灭亡了。

法国人开掘巴拿马运河时，更是大受蚊的侵害，工人职员害黄热病而死的有很多，于是把这一带地方称为“白人之墓”，连工作都停止了。后来美国人继续开掘，就是先把蚊驱除，才把运河开通的。

二　库蚊和按蚊

蚊是最普通的吸血性双翅类昆虫。种类倒并不是想象中这样多，全世界的既知种，也不过1000种，同种异学名的不少，竟有一种而得了三四十个异名的——热带多些，寒冷地方较少，但也有分布全世界的种。

学术上所称的蚊科（*Culicidae*），是把吻长、翅和体表有鳞片的双翅类昆虫都包含在内，其中原有许多非吸血性的，为了区别起见，又把吸血性的蚊归入蚊亚科（*Culicinae*）。我们普遍所说的蚊，是属于蚊亚科的。

蚊亚科又可分为两类：一是按蚊类（*Anophelini*）；一是库蚊类（*Culicini*），含着按蚊以外的大部分。温带地方，按蚊的种类极少，数目也少，几乎全是库蚊类。热带地方，按蚊的种类虽不少，但和库蚊类的比较起来，却仍旧是少得多，而且数目方面也同样少。

按蚊因为能传播疟疾，所以大家都颇注意，其实库蚊也不能忽视，像黄热病、发疹热等，都是由库蚊传播的。豹脚蚊传播的黄热病尤其算一种极凶险的传染病，幸而分布的地域不广，东亚地区与这种疾病简直可以说是毫无关系。

按蚊类和库蚊类，在习性和形态方面，有显著的差异，无论是幼虫时代，还是成虫时代，都很容易看出来。现在简单地说明如下：

成虫的头部，吻在中央，两侧有触角和触须。触角上各节的毛，两类中都是雄的较长。触须可以作为区别两类的特征：按蚊类的雌蚊，触角差不多和吻同长；库蚊类的雌蚊，触角都比吻要短得多；按蚊类中的雄蚊，触角也大略和吻同长，但末节膨大；库蚊类的雄蚊，触角虽长的短的都有，但末节都不膨大。当静止在直立面和平面时的姿势，两类也有显著的不同：库蚊类身子多和面平行，按蚊类多成45度相近的角度。

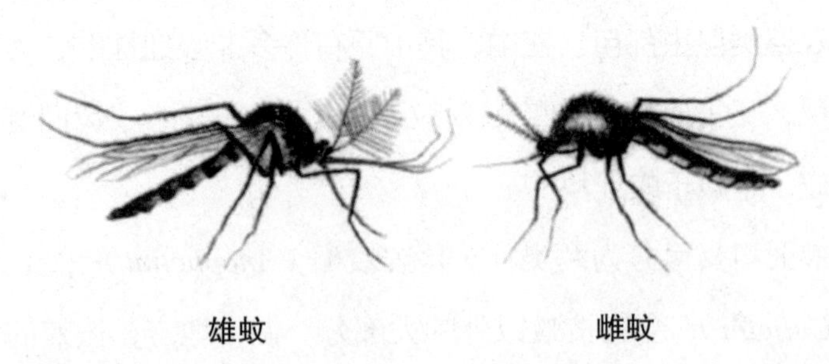

雄蚊　　雌蚊

按蚊类的卵，黑色呈纺锤形，平铺地浮在水面。产时是一粒一粒地产下，但多数又集成稀疏的麻叶形。库蚊类中也有产和按蚊相似的卵，像草蚊类，但大多数呈酒瓶状或棍棒状，粗粗的下端，有浮游具，使它直立在水面，颜色是黑褐色。产时也不是一粒一粒地产，一次产下的卵，全体附在侧壁，呈纺锤形，两端微微向上翘，和独木船相似，所以在西欧叫作“卵舟”（德语是*Eierkahnchen*，英语是*rafts*）。按蚊类的卵，在自然界中不容易看到，而库蚊类的卵舟，倒是经常看到。

蚊的幼虫的腹部，由9节组成。库蚊类在第八节有长管状的呼吸器官，按蚊类不是用这等特定的呼吸器官，而是由体表面直接呼吸。所以浮到水面来呼吸的时候，库蚊类用呼吸管将身体约成45度倾斜地悬挂着，按蚊类要使全部体表面接触水面。它为了达到这种目的，在胸节和多数腹节上，长着左右成对的上浮装置。这叫作掌状毛（*palmate hairs*），形状和棕榈叶子相似。当幼虫静止在水面时，你若仔细看，便能看到两行微小的点。这就是掌状毛上的斑点。整个身子的姿态，也有明显的差异，按蚊类是特别肥胖，而且比较黑，是不会看错的。就是蛹吧，两类也有差别，不过不是特别明显罢了。

三 种类

我国地处温带，库蚊类较多，现在把常见的几种，介绍在下面。

淡色库蚊（*Culex pipiens pallens Coquillet*）不但在我国各地常能遇到，简直分布在全世界。体长2毫米左右，现黄褐色。翅透明，平衡棒（蚊、蝇等双翅目昆虫后翅退化而成的细小棒状物，在飞行时有定位和调节的作用）和口吻呈黄色，触角现褐色，棱状部灰色，腹部黄色，而各节基部的侧方，有灰白斑，脚黄色。雌的夜间出来，螫害人畜，雄的吸食花蜜过活。

白纹伊蚊（*Aedes albopictus skuse*）体长5毫米左右，现暗褐色，口吻雌雄一样。胸部背面，有一银白色的纵条，十分明显。后胸和胸侧有几条纯白色。各腹节的两侧纹，以及各节基部是银白色；腿节的基部现灰白色。昼间也会飞来螫人。

侧白伊蚊（*Aedes albolateralis Theobald*）体长5毫米左右。体现黑褐色，有由银白色鳞片组成的横带。胸部背面带金色，两肩有银白色的纵条，所以得了这样一个名字。腹部呈黑褐色，稍稍有蓝色光泽。腹面各节的前缘，生着银白色的鳞。黑褐色前足中足的腿节下面，除末端外，现黄白色，后脚腿部也同。

银白伊蚊（*Aedes argenteus poiret*）形状大概和白纹伊蚊相似，只中胸背部前方有4条黄白色的纵纹，分布在广东、福建沿海一带，专门传播发疹热病。

按蚊的种类，我国颇少。最普通的一种，叫作中华按蚊（*Anopheles sinensis wiedemanno*，也写作*Anopheles hyrcxnus Pallas*），体长和淡色库蚊相似而略大，暗灰色，翅稍带暗色而透明，前缘有黑褐色或黄白色的2条鳞毛纹。平衡棒呈灰色，触角是暗褐色，胸部背面有5条褐色纵纹。雄的腹部背面现暗褐色，触角呈拂帚状，雌的暗黄色，背部纵纹黑褐色，足带暗黄色。

四　生活史

蚊是从哪里来的？古代人曾有过这样的疑问。可是蚊倏来倏去，无法查究，所以就产生了神话似的答案，有的说蚊是从鸟的嘴巴里吐出来的，如《尔雅注》上说：

鷏蚊母鸟也；黄白杂文，鸣如鸽声。此鸟常吐蚊，因名。

有的说蚊是从草叶里化出来的，如《本草》中说：

塞北有蚊母草，叶中有血，虫化为蚊。

有的说法更是稀奇，竟说蚊是从果实中飞出来的，如《岭南异物志》中说：

岭有树如冬青，实生枝间，形如枇杷子，每熟即拆裂，蚊子群飞，唯皮壳而已；土人谓之蚊子树。（这也许是寄生在植物中的瘿蝇，从树瘿中飞出，古人观察不精，就认为蚊，详“蝇”章。）

现在大家都知道蚊是经过完全变态，方才成蚊，所以我们只打算把它的生活史来略微说一说。

蚊停在水面漂浮的东西上，产卵在水中。库蚊的卵集成一块，浮在水面。每粒约长1毫米，每块约有150粒卵。卵经过2天左右，就孵化成幼虫，这叫作孑孓（jié jué），英语叫作*wrigglers*，都是从它特别的运动姿态而来的。

孑孓头胸部都大，腹部细，由9个环节组成。身上生着许多毛，头部的毛尤其长。它常舞动这毛，聚集水中的有机物，作为食饵。腹部第八节有呼吸管，常常伸出水面，呼吸空气，这时身子倒悬着，所以又有倒矗虫这样一个俗名。孑孓蜕了三回皮，就变成蛹。这个期间是五六日。

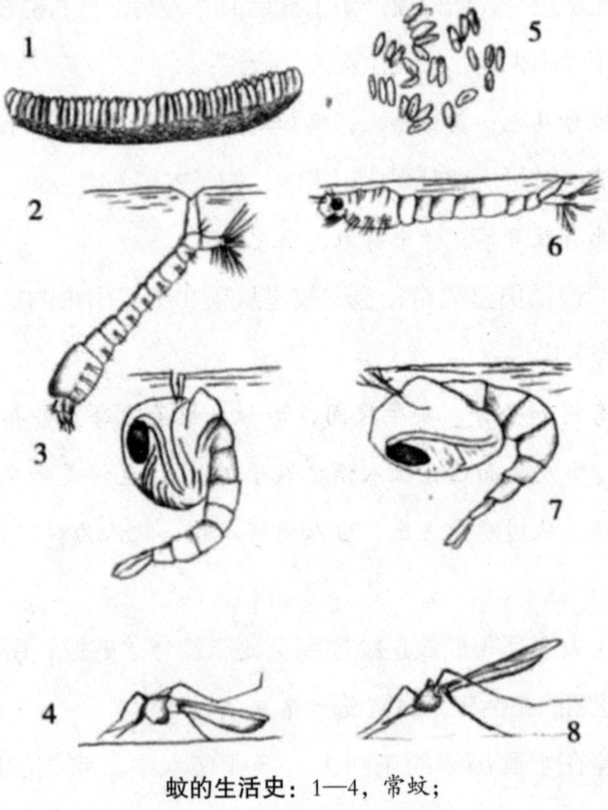

蚊的生活史：1—4，常蚊；
5—8，疟蚊。

蚊类的蛹，和一般昆虫不同，是不停地运动着的，英语叫*tumblers*，中国叫作鬼孑孓，或大头孑孓。体带黑色，头部很大，腹部细小，弯曲着真像驼背。胸部有2根喇叭形的呼吸管，常常伸出水面。浮沉水中，恰像装着弹簧似的运动着。经过2天左右，就变成成虫飞走了。

从产卵到成虫，花费八九天。成虫的寿命，由环境如何而定，大概在正常的夏季，雌的可以在空中飞翔30多天，雄的寿命，只不过几天罢了。受胎的雌蚊，在温暖而安静的地方，固定着越冬，到来年产卵。但热带地方和暖和的地方，成虫终年飞翔，是以幼虫越冬的。

五　哼哼调

“一个蚊子哼哼哼”，这是《红楼梦》里呆霸王薛蟠的名句。蚊子的确喜欢唱哼哼调。当你正待朦胧入梦的时候，它偏要到耳边来哼个不停。所以有人说笑话：蚊子倒有孝心呢！它见人卧着，以为死去，便集在头边，哀哀啼哭。

闲文少表，我们要推究的是，小小的蚊子，怎么能发出这样大的鸣声，它的发声器究竟在哪里？要解答这个问题，我们须先来察看一下它的呼吸器官。

一般昆虫的呼吸器官，是由胸腹部两侧的十对气门，和连

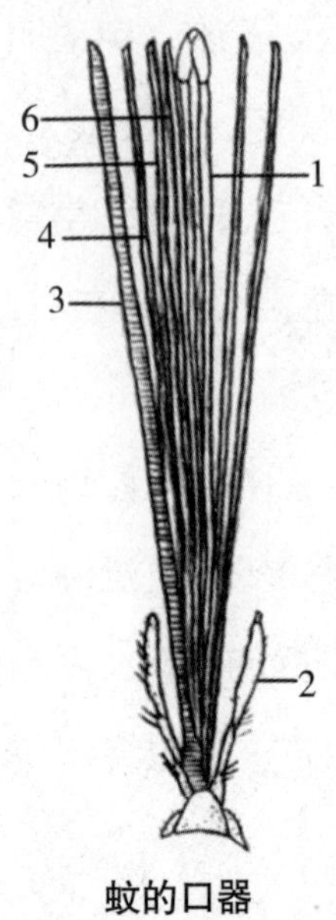

蚊的口器

1. 下唇；2. 小腮须；
3. 上唇；4. 小腮；
5. 大腮；6. 舌头。

接着的气管而成。气门板在体表，直接和空气相接，为了防止尘埃侵入，更有特殊的装置，比如刚毛、毛以及结缔质的活瓣。蚊的呼吸器官，也是同样的构造。我们试拿一只蚊子来看，便见胸部有比腹部特别大的气门，口子上更有结缔质的活瓣随着呼吸，不停地一进一出。当蚊子拍翅飞翔时，胸部就跟着翅膀的振动，激烈地胀缩，做急促的呼吸。而气门口的活瓣，也迅速地出入，发生振动，于是，哼哼调就起来了。所以当蚊子静止的时候，从来不会啼唱。

一般昆虫，气门口的活瓣基部，还有特别的筋肉，可以自由开闭。蚊类中却没有这样的装置，所以一飞就鸣，丝毫不能自己做主。

蚊有这样特别的发声器，所以声音也比较大。每当傍晚时节，群蚊乱飞，鸣声更响，简直同远方殷殷其雷一般。这就是《左传》中说的“聚蟁（wén）——蟁即蚊也——成雷”了。

六 口器

蚊是最普通的昆虫，谁都见到过，所以形态方面，似乎可

以不必细讲。万一不明白的话，到教科书上去一查，自然会告诉你：蚊是两翅六足咧，两翅退化，变为平衡棒咧，具有刺吸式口器咧，等等。现在我想先把汉朝滑稽大家东方朔描写蚊的一段文章，介绍一下。他用滑稽的词句，将蚊的形态习性，生动地表现出来。就抄在下面吧！

郭舍人曰："客从东方来，歌谣且行。不从门入，踰我墙垣，游戏中庭。一入殿堂，击之桓桓，死者攘攘，格门而死，主人被创。是何物也？"朔曰："长喙细身，昼亡夜存，嗜肉恶灯，为掌指所抖。臣朔愚戆，名之曰蚊。舍人辞穷，常复脱裈。"

我还打算把蚊体上构造最复杂的口器，来说明几句，因为借此就说明了昆虫类中一般的刺吸口器的构造。

蚊的口器，是一根特别延长的吻，这不必再说。做这吻的外鞘的，是一对第二小腮，中央愈合而成，称为下唇。它的形状，恰像竹筒。竹筒的外面，满生鳞片，尖端生着一对圆锥形的感觉叶。竹筒的上面，开着一条狭狭的沟，内部是比较宽广的腔。

这腔里藏着6根针状片，互相倚合而成吸收管。这6根针状片中，幅阔而尖端骤然尖削的一根是舌，幅狭而尖端有锯齿的两根，是第一小腮。比第一小腮更狭而尖端呈剑状的一对，是大腮，上唇和上咽头，幅阔而尖端呈剑状的一根，叫作上咽头唇。上咽头唇虽然也被竹筒包住，但从里面看，恰像竹筒的盖子。

吻的外面，是附属于第一小腮的小腮须，又称触须。普遍是雌的触须短，雄的触须比吻长，但又依种类而不同，有几种雄蚊触须也短，也有雌雄触须都和吻同长的。

蚊吸血时，先用吻端的感觉叶，在皮肤上随处乱碰，探求适于刺的地方。寻到了，便将吻内藏着的吸收管（即由6根针状片倚合而成的）用尽全力地从两片感觉叶中间送出，在皮肤上钻孔。这些针状片的尖端，都是些剑咧、锥咧、锯咧，所以穿孔毫不困难。

穿孔后，立刻将吸收管向内部推进，深深进去，直到碰到毛细管。破坏了毛细血管壁，而浸入血液。这时，若运气不好，碰不到毛细血管，它就把千辛万苦插入的吸收管拉出，重新再刺。

当蚊吸血的时候，下唇并不插入皮肤内，向下方弓似的弯曲着，尖端的感觉叶，将吸收管（即针状片束）紧紧束住。

那么吸出血液，怎样吸收到蚊的消化管中呢？这个问题，那么可用下面三点来说明：第一是血液本身的血压，使它上升；第二，各针状片间，要起毛细管现象；第三，口腔的深处有咽头，上面有筋附着，这些筋一收缩，咽头就膨大而产生负压。

雌蚊吸血，雄蚊不吸血，上面已经讲过了。我们试再把雄蚊的口器来观察一下：作外鞘的下唇，毫无差别，但内部的针状片，和雌的大不相同。长的针状片，只舌和上咽头唇两片。一对小腮形状很小，只及下唇的五分之一，大腮全然缺如。所以雄蚊的不吸血，“非不为也，是不能也。”

七 按蚊和疟疾

由蚊类传播的疾病，有疟疾、发疹热、血吸虫病、黄热病（*Yellow fever Gelbfieber*）等。发疹热（*Dengue fever*）虽在我国南部沿海一带常有发生，但是良性，不会有性命之忧。线虫病是由一种住血丝状虫（*Filaria bonorofti Cobbold*）寄生在淋巴管系统中而引起的。仔虫在末梢血管，又由淡色库蚊等传播给别人。但这种虫只产在日本的几处地方。黄热病原是一种凶猛的传染病，在18世纪，美国有过35次可怕的大流行。可是分布区域，只限于中央亚美利加（中美洲）、南亚美利加（南美洲）以及阿非利加洲（非洲）的西海岸，和我国没有什么重大关系。所以现在把以上3种病和库蚊的关系，搁置一边，且将疟虫传播疟疾的过程，来说个明白。

疟疾可分为3种：热带热（每日热、恶性三日热等）、四日热及三日热等，这3种疟疾，各有各的病原体，分别为：*plasmodium vivax Grassi et Feletti*、*malariae Laveran*、*falciparum welch*，其中热带热最恶性，死亡率最高，治疗困难。三日热和四日热，虽比较好些，但四日热也是难以治愈的病症。分布最广的，是良性的三日热，我国几乎全国都有它的踪迹。其余两种，只限于热带地区。

最初发现蚊和疟疾有关系的，是英国军医罗斯（*Ronald Ross*）。他得到前辈玛梭（*Patrick Manson*）的通知，知道蚊是传播疟疾的来源，就开始着手研究鸟类疟疾和*Culex quinquefasciatus*蚊的关系。经过研究，终于明白鸟类疟疾病原虫，由吸血而入蚊的胃中时，就在那边生出球状的雌性配偶，和细长的雄性，不久又合并而成纺锤形的接合体，贯穿胃壁，集在外部，形成一个大的囊状体。此后，囊状体的内容物分裂，成许多孢子前体，孢子前体更分裂，便成细长形的孢子虫（种虫），种虫穿破被囊，入蚊的体腔，再前进而达到唾液腺，等待蚊再去吸血。直到1898年，玛梭才将观察结果发表。此后玛梭再继续研究，1900年，他将在意大利吸了疟疾病人的血的蚊，带到伦敦卫生与热带医学院来，使它刺入自己的儿子*P.Thurbun Manson*和*George Warren*的身体中，果然他们害了疟疾。两年后，意大利人苦拉希（*Grassi*）发表了关于人体疟疾病原虫在五斑按蚊（*Anopheles maculipennis*）体内发育变态的精细研究，认定人体疟疾的病原虫只能在按蚊类中*Anopheles*蚊的体内发育和变态。

疟疾病原虫在按蚊体内的发育和变态状况，上面已经说过了，那么在人体内是什么状况呢？在按蚊唾液腺中等待着的病原虫的种虫，因蚊吸血，在进入人的血液中时，便钻入红血球（红细胞），经过一天半而长成，分裂许多小孢子（裂殖子），这叫作增员生殖（裂体增殖）。当分裂时，红血球也同时被破坏，孢子四散，和毒素一同混入血液中。病人因这种毒素，而产生身热、头痛、脾脏肿大等现象。

破坏红血球而四散的小孢子，肩负两种任务：一部分侵入红血球，再同上面所说那样，进行裂体增殖；一部分在红血球中，发育成两种配偶体（形体较大的雌性配偶体和形体较小的雄性生殖体）都在血液里浮沉，等机会一到，便进入按蚊的消化管内，雄性生殖体活泼地运动，和雌性生殖体相接合，造成接合子。再经过上述的变化，而成许多种虫，集在蚊的唾液中。这叫作传播生殖。

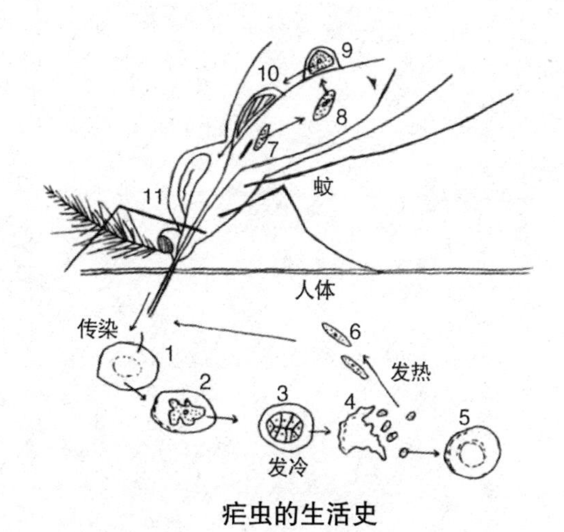

疟虫的生活史

1. 种虫侵入血流；
2. 3. 种虫发育为疟虫；
4. 疟虫破坏血球散出疟孢子；
5. 疟孢子侵入别个血球；
6. 长形孢子；
7. 8. 长形孢子进入蚊体内接合成接全体；
9. 10. 拼命体进入胃壁内逐渐发育产生种虫；
11. 种虫进入唾液腺里，待机进入人体。

经过研究人员多年的研究，发现按蚊类一共有150种，其中有25种是会传播疟疾的。

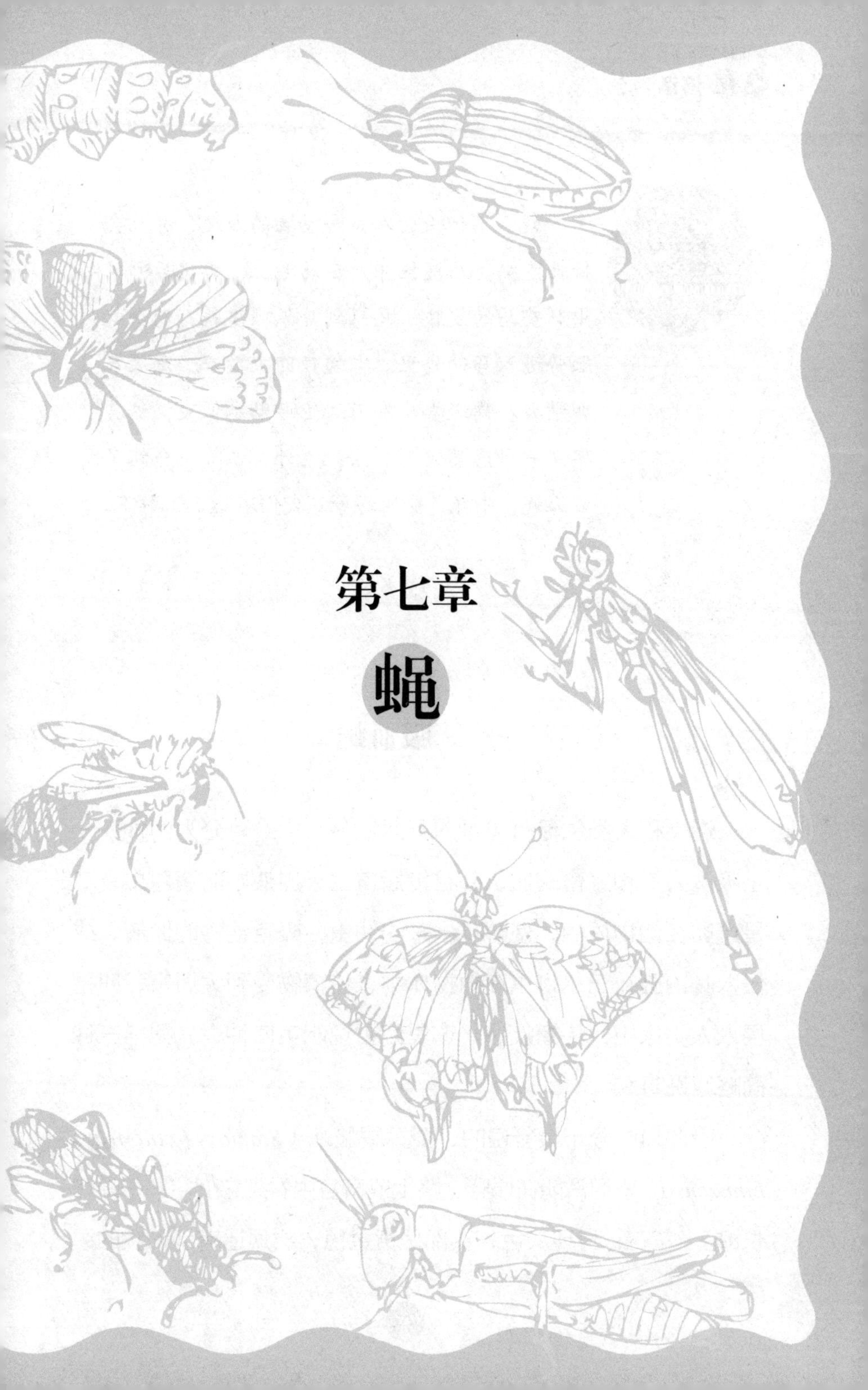

第七章

蝇

蝇，不但吸食人类和动物的血液，并且会传播疾病。马蝇把卵产在马毛上，孵化后的幼虫刺蛰马的皮肤，马感到痒舐舔皮肤，幼虫就顺势进入马的胃里。家蝇产卵次数多，每次产卵量大。舞蝇喜欢在河边池畔贴水低飞，这其实是一种恋爱跳舞。除此之外，本节还介绍了吸血蝇、牛蝇、蚕蛆蝇等，我们不妨来了解下。

一 吸血蝇

蝇类和人类生活有关系的方面很多，大致可分为四种：一是吸食人类和家畜的血，并且传播寄生于血液中的病原虫；二是产卵在动物体中，使孵化出来的幼虫，吸食动物的血液，或侵入其内脏；三是寄生在植物体中，使植物受到大损害；四是侵入人类家中，传播疾病。这里偏重说明第四种，先把前三种简略地说明。

吸血蝇中分布最普遍的，要算厩螫蝇（*Stomoxys calcitrans Linnaeus*）。我们常能在原野、路上或畜舍中看到它们。厩螫蝇体长8毫米左右，身现灰色，头部呈黄金色，头顶还有马蹄状的黑纹，胸部背面有4条黑色纵纹。翅透明，翅脉褐色。腹部呈卵形，有许多粗大的黑斑。足黑色。它不但刺咬人畜，增添苦恼，而且还会传播寄生于血液中的病原虫。阿非利加洲的赤道地方，有一种厩螫蝇嗝（gé）罗西那（*Glossina*），又叫作唧唧蝇（*Tsetse fly*，现多译作舌蝇、采采蝇）。它传播冈比亚锥虫（*Trypanosoma Gambiense*）给人、马、牛、鼠等，使它们发热、贫血、衰弱，当病原虫侵入寄主脑脊髓管时，寄主便昏昏睡去，不再醒来，所以叫作睡眠病。家畜得了这种病，有另外一个病名，叫作那格那病（*Nagana*）。

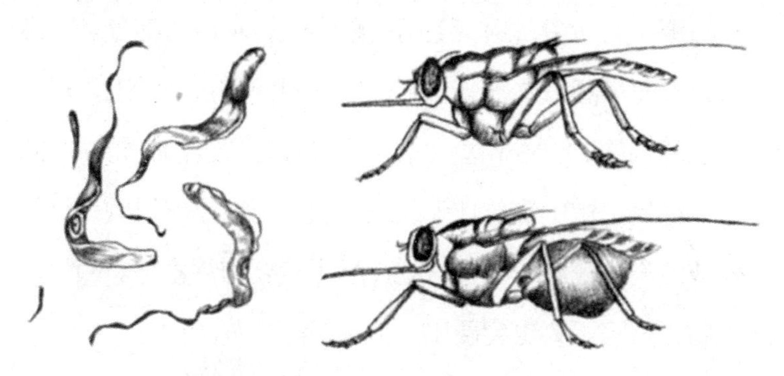

睡眠病的病原虫（左）和唧唧蝇（右）

二 马蝇生活史

马蝇（*Gastrophilus equi Fabricius*）是马牧场上常能看到的一种蝇。体长14毫米左右。体黄褐色，头、触角、足及腹部是黄

马蝇

色。翅半透明，稍带灰黄色，中央及翅端有暗褐斑。雄蝇腹部的末节，向腹面曲折，雌蝇是最后两节，屈成膝状。它的生活史，颇复杂而有趣，现在说明如下。

马蝇把卵产在马毛上，但并不是随便哪处的毛都行，一定要挑马舌能够舐达的地方——因为马蝇的孩子，如果不被马吃入胃内，除等死外，是毫无办法的。卵如果坚牢地附着在马毛上，是不会由马舌带进嘴里而进入胃里的。这些从卵孵化的幼虫，顺着毛而接触皮肤，刺螫这部分。马感到了痒，必然要来舔舐这部分，于是，这蛆便附着马舌上，接着入胃，用它的口钩，挂在胃壁上，吸收胃液。当解剖马的尸体时，我们常能见到它胃里藏着几十条或几百条蛆。胃壁只要被这蛆附着，便成凹陷，分泌脓汁。这脓汁是蛆重要的营养料。当蛆从肛门出来后，凹陷不久也会硬化。

平均经过十个月左右，到了第二年的五六月，这蛆已充分长成，离开它寄生的胃，跟着排泄物，一同下肠而去。它若只靠排泄物带着，那么经历长长的大小两肠，要费颇久的时间。所以蛆自身也做一种波状运动，可在比较短的时间内，到达肛门，但也有中途化蛹的。

蛆和马粪一同落到地面，立刻掘垂直的孔。孔并不大，恰恰能遮住它自身。孔掘成后，蛆把自己的身体掉头，头向上方，蛰居在里面，皮肤不久硬化，变成围蛹。过了一段时间，头上有两个角状突起生长出来，它就用这两个突起呼吸。虽因当年气候寒暖而略有迟早，大概经过6个星期，这马蝇便在空气中飞舞了。

马蝇，粗粗一看，和虻（méng）很像，但它半透明的翅上，有暗色的斑纹，中央竟连成带状，普通的虻，虽也是透明，却没有这种斑纹。

马蝇由蛹羽化，总在天气晴朗的早晨，它捅破蛹的前端的盖，开穿一个圆形的洞，飞向空中。可是事实上，并没有这样简单，这时，它先起一个大气泡，因身子的扭动，不断地上上下下。这样的气泡，凡是寄生在毛虫和青虫身上的针蝇和其他种蝇羽化时，也有看到。这种气泡一直升到前头和颈处，帮助它破蛹盖。

羽化而出的马蝇，身子干燥后，这气泡立刻消失。它就嗡嗡发声，飞向空中，去追逐配偶了。这种蝇有在附近的高山顶上集合的习性。高山顶上很寒冷，而且马也绝不会来，但是很奇怪，它们的集会所、舞蹈场，全在那里。

完成了受精的雌蝇，便从山顶飞来，在晴朗天气，在马的周围飞绕。它们很胆怯，但细心地找寻在牧场中、农场中或是道路旁吃草的马，在马的身上静止，产1颗或几颗卵。一次飞去，又复回来，在天气或时间许可的范围内，趁马、驴、骡等吃草的时候，专注地产卵。可是，它们从来没跟了马到厩中去的。

一只雌蝇，约藏着700粒卵子。卵子长2毫米左右，上端呈斜的截断状，起初是白色，后来渐渐带黄色。这卵子受太阳的光热和马的体温而孵化。幼虫破卵壳而出，由马舌带到口部，再入胃腑，挂上胃壁，但并不是全部都能被马咽入胃脏的，那些不能到达胃脏的蛆，仍难免一死。所以，造化主特意使它产下许多卵子，即使大部分死亡也无妨。

三　牛蝇和蚕蛆蝇

牛蝇（*Hypoderma bovis De Geer*）体长13毫米左右。体现黑色，上面密密地生着许多软毛，颜色黄灰，胸部背面有4条黑色纵纹，长着黄绿色或白色的长毛，腹部基部的两侧，是白色或黄色，尾端现红褐色，翅带灰色，而且格外大些。雌蝇每当初夏常在牛舍附近飞翔，产卵在牛的肩、颈等处的毛上。从卵孵化的幼虫，就经牛口而到食道，再咬穿食道，通过食道附近的筋肉，直到皮下。所以一二月后，牛背上就有许多因这种幼虫而起的肿块。幼虫渐渐生长，5月达到成熟，咬破肿块，走出体外，入地化蛹。

牛蝇

蝇类中，还有幼虫时期寄生在蝶、蛾、蜂类的幼虫身上，直到充分长成，才离开寄主而蛹化的，这是蚕蛆蝇。现在就把它的形态和生活讲一讲。

蚕蛆蝇

蚕蛆蝇（*Grossocoomia sericariae Rondoni*）体长12毫米左右，体现灰黑色，脸是银白色，但额上有一条黑色的纵纹。触角黑褐色，胸部背面有不大分明的5条黑纹。腹部两侧的大斑纹，是暗黄色，尾端密生刚毛。这种蝇，若幼虫寄生于蝶、蛾的幼虫——毛虫、青虫，对人类便有益，若寄生在蚕体，便有大害。

蚕蛆蝇在5月中旬到下旬，产卵在桑叶上。这桑叶若被三四龄的蚕儿所吃，卵就到了消化器，一二龄的蚕儿口小，恰恰将卵咬破。幼虫从卵孵化时，便从消化器进入神经球。在神经球住了一回，又迁到气门部，将蚕的体液作为营养物而逐渐长成。寄生的幼虫若多，蚕儿便衰弱而死。若一两只是没有什么大关系的，依旧吐丝、作茧、化蛹。幼虫在蛹的体内，完全长成，就咬破蛹身，再咬穿茧而逃出来，爬到地面，然后钻进泥里化蛹。到来年春天，再羽化而出。蚕蛹被幼虫咬死，不能化蛾，故不能得蚕种，而且茧也被它咬破，纤维断了，不能制丝。蚕业因这种蝇而受到的损失，在日本每年高达150万元。

四　寄生植物的蝇类

菊、胡枝子、蓬等草木的叶子上，常常斑斑点点，生着宝珠状、豆状或是芝麻糖状的瘤，葡萄的果实、柳树的芽有时呈特别的状态。芒的茎，有时一部分特别膨大，而生一个瘿，这是因一种微小的瘿蝇的幼虫寄生，受刺激而生成的。在内部的蛆，是微微不绝地蠢动的。

这种瘿蝇，产在上述种种部分、茎枝及伤痕、裂隙等处的卵，孵化而成幼虫，侵入寄主体内，吸收营养、化蛹（有几种是潜入土中化蛹的），变成微小的幼虫，向外界飞出。

我们常常在豌豆和油菜等的叶上，看到白色的曲线，这也是一种寄生蝇的幼虫所造成的。这种幼虫，一面吃叶绿层，一面在薄薄的叶子里开辟隧道，结果，就造成了上面所说的白色曲线。它成长后，就在隧道的末梢化蛹，接着变为成虫。

此外还有果蝇，专食害田野中未成熟的果实，多数产在热带和亚热带，但温带也有不少。像瓜蝇（*Bactrocera cucurbitae Coquillett*）是印度原产，但南洋方面也很多，橘蝇（*Bactrocera dorsalis Hendel*），也是分布在南洋一带，但广东、福建等地也有。被这些蛆虫吃过的果实，内部腐败，散发恶臭。

各种各样大小不一的蝇，飞集在从树干中渗出来的树液上，一面喧闹，一面饱吃生命之粮，这是我们在林畔散步时经常看到的场景。

五 秽物蝇的种类

凡是喜欢群集在垃圾、秽物等上面，并且在这些物体上发育，又常常飞到人家里的蝇，统统被称为秽物蝇（*Filthflios*）。这里且把其中主要的几种蝇的形态和生活的特点，简略说明一下。

家蝇（*Musca domestica Lnnaeus*）体长8毫米左右，体呈黑褐色，脸是黄白色，触角又是黑色。胸部的背面是灰黑色，而且有黑色的四纵条，翅透明，稍带暗色，腹部暗色，但雌的蝇有红褐色的侧纹，是夏天看到最多的种类，而且遍布全世界。关于它们的生活史，在下节再细讲。

麻蝇（*Sarcophaga carinaria Ronbom*）又叫毛苍蝇，体长15毫米左右，体是灰色，但脸面有发金光的灰黄色，触角、头顶的纵条是黑褐色；胸部、背部的3条纵纹非常明显，腹部有黑色的网状纹，尾节和足呈黑色发光。它们常居户外，群集在人粪和秽物上，到人家里来，或是集在鱼肉、兽肉上，是特殊现象。它们还有一特点：幼儿在母亲体内孵化后，方才产出来，同我们人类一样是胎生的。

麻蝇

金蝇

金蝇（*Lucilicaecar Linnaeus*）又叫青蝇，体长9毫米左右，呈金绿色，脸是黑色，而有银白色的光辉，翅透明，翅脉淡黄色，前缘带黑褐色，足黑色，但带着比身子更鲜明的金光。它们常在野外，少进屋内，虽然有时也光临厕所，但不是在厕所中发育的。

黑蝇（*Calliphora lata Coquillet*）体长9毫米左右，体是黑色，脸是银白色，触角黑色，上面密生黑毛，胸部背面有带灰白粉的4条黑纹，每条黑纹的两侧，都有黑色的长毛或短毛生着，翅透明，第一腹节的基部、背线，以及尾端是黑色，第二节、三节，各有几点丝光斑，因光线而变换形状。腹部暗青色，好像浸水似的。它们有户外性，但也常进屋内。天气寒冷时，生育还不中止，冬季和春初，它们还在阳光照耀的地方飞翔。

此外，小家蝇、大家蝇等的形态习性和家蝇差不多，不过大小不同罢了，所以也就从略。

黑蝇

这么多种的秽物蝇，最常到我们屋内来的，自然是家蝇。如果我们在屋内捕捉蝇，它们占九成左右。现在把美国哈华特（*Howard*）氏在厨房里所采集的数据，和日本小林晴治在家内及传染病研究所内所采集的数据列表如下：

场所 品种	哈华特氏	小林氏（家内）	小林氏 （研究所内）
家蝇	22，808	24，042	55，876
小家蝇	81	206	2，533
大家蝇	31	163	561
麻蝇	—	161	465
金蝇	18	38	200
黑蝇	7	15	41
其他	58	94	12

*表内数字为采集个体单位

六　家蝇生活史

家蝇是屋内最容易看到的蝇。每年到了5月，便有几只出现，1月到6月，骤然增多，7月、8月最多，到9月底就减少，11月底便停止产卵。

卵白色细长，后端略粗。背部有两条隆起，一条在幼虫孵化时，便自然裂开。雌蝇每次产卵75粒到150粒，平均是120粒，大概每隔三四天产卵一次，一共四次。如果环境好一点的话，产卵的次数更多，卵的孵化时间很短促，普通12小时至24小时，但受温度的影响。例如，气温在10摄氏度时，要经两三天，15摄氏度至20摄氏度时24小时，25摄氏度至35摄氏度时，需要经8小时至12小时才孵化。

幼虫是白色、体表滑泽、头细尾粗的蛆。它们对植物质比动物质更喜欢，尤其是近乎干燥的物质。不洁的畜舍和垃圾堆，是它们主要的发育地。据美国某学者说："马粪堆，在4天内，任家蝇飞集，结果平均每磅马粪中，有685条蛆。"充分长成的蛆，钻进软软的泥里，或钻入木头、石块的下面，求得略干燥的地方，在那里化蛹。这时，皮收缩成坚硬的、红褐色的套。幼虫的时期，大概是4天到6天。

蛹，体长只有幼虫的一半，但比它们更粗，抵抗力很强，能够越冬。经过3天到10天，便羽化成蝇。

由蛹羽化而出的家蝇，快的第二天就交尾，第三天就产卵，但也要受温度和湿度的影响。普通生殖器的成熟，在第二天至第四天，开始产卵在第三天至第九天。

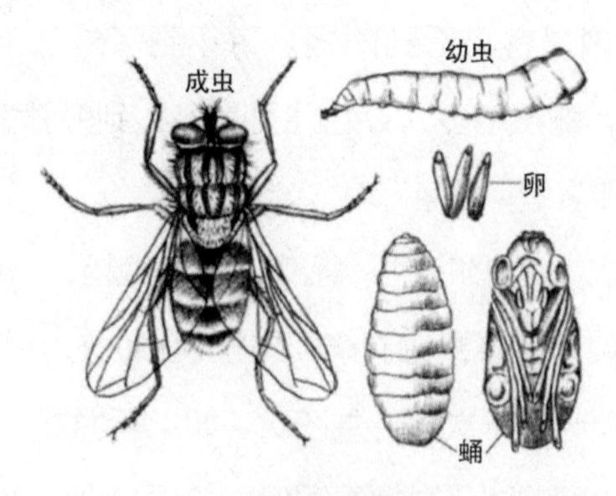

家蝇的生活史

从产下的卵，到成羽化而出的蝇，经过的时间很短。据美国学者们的报告：最短是九天半，稍长是10天至14天或15天至18天，偶然也有到21天的。关于家蝇的寿命，许多研究者有各种记录，它们在自然界中的寿命，也略有长短，大概30天，最长命的竟有到60天的。一年中可传六七代，若环境好一点，也有传到10代以上的。所以，家蝇繁殖的盛况，真是了不得。假如有一对家蝇，在4月开始产卵，每次产卵120粒至150粒，即使只算它4次产卵，这些子子孙孙，直到8月底都还生存着，那么就有191,010,000,000,000,000,000只蝇了。又假如一只家蝇有一立方大，把它的后代铺开不但铺满了地球整个表面，而且有47尺厚。

七　舞蝇的结婚

当暮春时节，常见河边池畔有无数小蝇，贴水低飞，这就是舞蝇，它们是水上有名的舞者。它们有一种奇异的结婚习惯，就在这里介绍一下。

希拉拉是一种小形的舞蝇。雄蝇一到要结婚时，常捉了小昆虫，放在绢袋里，带去，作引诱雌蝇之用。可是，真有趣，它有时竟把一片花瓣，或一粒种子，错认作小昆虫而带走。原来的目的，像是呈献某种食物给雌蝇，来表示雄蝇的赤诚，现在已变为一种仪式，难怪雄蝇要把花瓣、种子等，误认作昆虫了。

我们如果把植物性的小片和动物性的什么，向贴水乱舞的它们抛去，不管是什么，它们必定追去捉住，把它用绢丝三重四重地缠绕，郑重地带走。

这种贴水低飞，实际是一种恋爱跳舞，由几千只排成一个大圆阵而款款飞舞。舞时常常分作上下两层：这些天真的雄蝇，近着水面飞，若有什么落向水面来，便赶忙去捉。有时分量太重竟着水了，雄蝇自己不着水面，但总跟着这东西打旋，用种种方法，终究将它拿到水上而带走。总之，雄蝇如得到了某种合意的获物，便离开水面的同伴，而加入上层的舞群。它在那边一面飞舞，一面等待雌蝇的飞来。它们所捕获的，不论纸片、垃圾，什么都好，恰和袋蜘蛛把纸片当作自己的卵囊一样，同样郑重地抱着。

这绢丝究竟是从哪里出来的呢，以前一直不明白，有的人以为同蚕吐丝一样，是从蝇的口部分泌的，有的人以为是从腹部的某处分泌的。可是这些推想，都错误了。日本松村松年氏，检查舞蝇的前肢，见胫节的末端特别膨大，才知道这膨大部分就是分泌绢丝处。当它们捉到某种获物时，便从前胫节吐出这种液状的绢丝，把它缠绕，一碰到空气，立刻硬化，变成强韧的绢袋了。

北美洲有一种舞蝇，名叫爱比斯霍利台。雄蝇在空中跳舞时，普遍抱着一个比自身大一倍的气球。这也和上面所讲的这种舞蝇一样，是雄蝇分泌物所成的气袋，里面总藏着一只小虫。这也是给雌蝇交尾后能吃的“礼物”。某种舞蝇的绢袋，和彗星相像，有一个长长的尾巴。

八 琐谈两则

蝇的足上并没有什么吸盘，但它们却能在天花板上走，有的还要用两只前肢，互相搓搓，或用后肢拂拂翅上的灰尘，表示它们虽颠倒着身躯，也满不在乎。

现在要研究的是，蝇在飞的时候，不是背向天花板吗？那么它们要到天花板上去，必须翻一个身，这时的动作是怎样的呢？是一个倒翻斛斗上去呢？还是侧身一滚呢？1934年，英国某学者，发表他研究的结果，说是蝇当要停到天花板上去时，先侧着身子横飞用一侧的三足先搭上去，接着那侧的足也跟着上去。不过这时的动作，非常迅速，不十二分留意，是看不清楚的。

蝇是谁见了都要讨厌的东西，但我国古代竟有画蝇的画家。据说三国时候，有一个名画家曹不兴。有一天，他替吴国皇帝孙权书屏风。谁知正当他一心一意，渲染勾勒的时候，无意中滴了一点墨渍。这倒使他为难了，若重画一张，恐怕未必能画得这么好；若把滴了墨渍的屏风进呈，又是大不敬。最后他想出了一个好方法，就将这墨渍，加上了两翅六脚，画成一只苍蝇，就这样献上去。

后来孙权看到这扇屏风时，竟误认作真有一只蝇停在那里，用手一回两回地去赶。

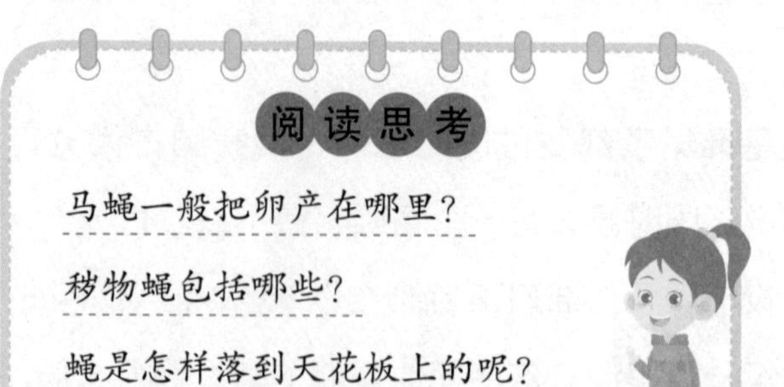

第八章

蜻蜓

蜻蜓虽没有蛱蝶那样美丽的翅膀，也不像萤会发光，更不像蝉和蟋蟀一样低吟高唱，但它凭借着灵敏轻快的飞行姿态，备受关注。双翼飞机的发明，就是受蜻蜓飞行的启迪呢。你知道蜻蜓的眼睛在昆虫界是最发达的事吗？你知道蜻蜓咬住自己的尾巴飞是在干什么吗？本节，我们就来了解一下关于蜻蜓的更多有趣之事吧。

一　种类

蜻蜓没有蛱蝶般美丽的翅，又不会像萤那样带着灯笼飞，在黑夜中来照耀人的眼目，更不会效仿蟋蟀和蝉，作低吟高唱，只凭着敏捷轻快的飞行姿态，引起人们的注意。你看，当它贴水低飞时，真像掠水的春燕，平张两翅，在空中滑走时，更像打旋的鹰隼。它飞行的速度，是一小时100里至150里，和我们的火车速度差不多。有时好像它也要夸耀自己的速度似的，特地来和火车比赛一下。人们的双翼飞机，原有许多地方是模仿它造的，所以像掠空追敌，和连翻几个斛斗时的姿态，正和蜻蜓追逐蚊虻时一般。

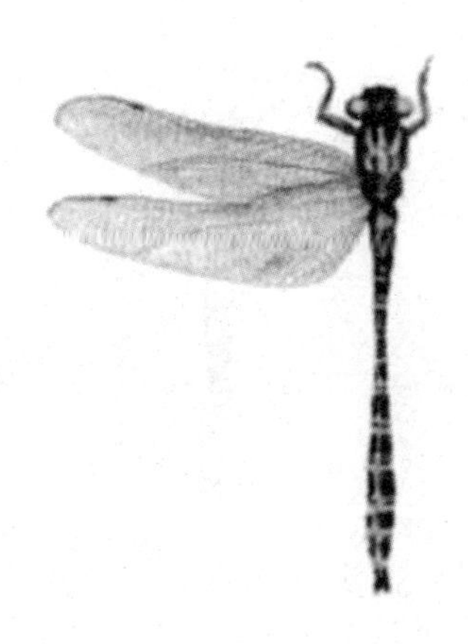

蜻蜓

说到蜻蜓的种类，据外国学者统计，全世界大约有2600种。其中马来半岛约600种，南美约750种，阿非利加洲400种，越是热的地方，种类越多。

蜻蜓虽有这么多的种类，大致可以清楚地分作差翅亚目、均翅亚目（束翅亚目）和间翅亚目类三群。古蜻蜓类，全世界有四种，中国已知两种，其余都可分别归入上面的两群。

现在先把差翅亚目明显的特征来说一说。

差翅亚目是较大的种类，体粗而刚健。左右一对大眼，在头上排得十分密贴。后翅的基部，比前翅要阔些，所以叫作差翅亚目。当静止的时候，将两翅向体的两侧平张。着幼虫水虿也全身坚固而胖，或阔而扁平，通常较大的一类叫作蜓，较小的一类叫作蜻。

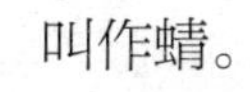

白尾蜻蜓

白尾灰蜻（*Orthetrum albystylum speciosum Uhler*）在九月左右出现，尾部的附属物是白色的，翅尖稍稍带点褐色。巨圆臀大蜓（无霸勾蜓）（*Anotogaster sieboldii Selys*）在八月里出现，身带青色。它是

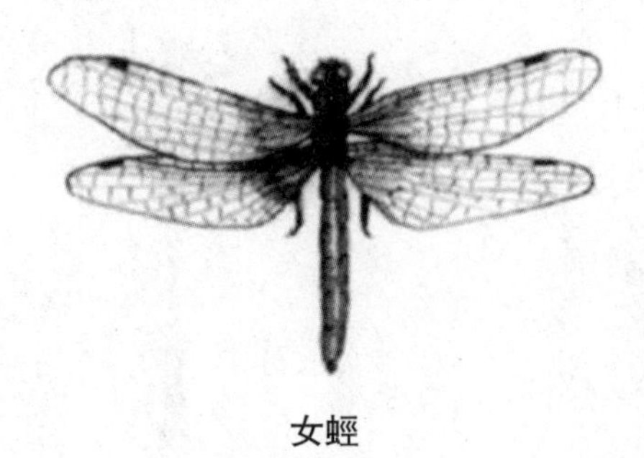
女蛵

我国大型的种类。女蛵（xíng）（*Nannophya pygmaea Rambar*）身躯细小，体色美丽，雄的红色，雌的黄色。在我国古书上，红而小的叫赤卒，黄而小的叫黄离，大概就是这种了。雄的体长大约17毫米，雌的更小，只15毫米内外。六月里在池畔沼边，常常有看到它。黄蜻蜓（*Libellula maculata*）体褐色，密生黄毛，腹部第一节是黑色的，第四节以下有黑色的条纹。翅也略带黄色，各翅的前缘中央，有黑褐色斑点，而且后翅的基部，也有同色的斑纹。这般美丽的蜻蜓，在初春就出来了，比它更华美的红蜻蜓（*Crocothmis servilia Drury*），在盛夏才出现，所以表现着灼热的颜色。雄的身体，尤其红得鲜艳，各翅的根部，现玳瑁色。身长约40毫米。常在池畔沼边飞翔，往往停在水边的草上。黑丽翅蜻（*Rhyothemis fuliginosa Selys*）的翅色，更长得特别，前后四翅，除尖端外，全是有光泽的黑蓝色，而且因光线作用，更显露各种千变万化的色彩。头也是黑蓝色的。身子是黑色。当它在高空或树梢翩跹飞舞，或张了翅膀在空中浮着时，完全像蛱蝶一般。

束翅亚目都非常柔和，楚楚可怜，翅多有艳丽的色彩，身子孱弱而细长，眼生于头的两侧，离得颇远。翅前后两对，都同形同大，基部尖细，静止时，把两翅垂直地竖在背上，翅面相合。幼虫（水虿）也颇细，尾端有三片翼似的尾鳃。最普通的种类，是水蜻蜓和豆娘。

黑丽翅蜻　　黄蜻蜓

水蜻蜓（*Mnais costalis*）身体和翅都十分细弱，动作又颇柔和，是像女性的蜻蜓。它们常常在池边河畔的树丛中栖息。它们不能像蜻蜓那样，凌空高飞，在河面池上飞时，也多贴水低翔。体虽放金光，但色彩少变化，可是翅色倒艳丽得多。产卵时或是雌的单独，或和雄的一起，趁着水草的叶后退，身子没入水中，将卵产进在水草的茎叶里。

水蜻蜓的身子，长约60毫米。雄者的翅，除基部外，全现赤橙色，体上更有一层淡青色的粉附着，可是雌者的翅，只稍稍带一些赤黄的色调。这种蜻蜓，常在河上飞翔。热带地方产的，种类更多：翅透明，或淡黄色，或再加上青蓝色、琉璃色等有光辉的斑点，鲜艳绝伦。

豆娘比水蜻蜓更小，是蜻蜓界最小的种类。翅色并不美丽，体色若仔细去看，便能看出有很复杂的图案。它们常在草原水边，出现瘦怯可怜的身躯，有时竟因迷途而撞到我们的天井里来。产卵的方法，和水蜻蜓一般无二。

黄豆娘（*Ceragrion melanurnm*）全体黄色，只腹端几节是黑色的，长约35毫米，是一种美丽的蜻蜓。还有一种竹竿豆娘（*Copera annulata*），长约40毫米。雄的青白色，雌的淡褐色，黑色的腹部间以青白的横条。节节分明，与竹竿相似。豆娘中最大的，是青豆娘（*Lestes temporalis*），长约50毫米，体现绿色，翅透明，常在水边树林间飞翔。它们产卵时，在树枝上开一个小孔，卵塞进树皮的下面。受伤的部分，后来膨胀成瘤。河边的桑树果树，遇到这种意外的敌人，常常受很大的损害。

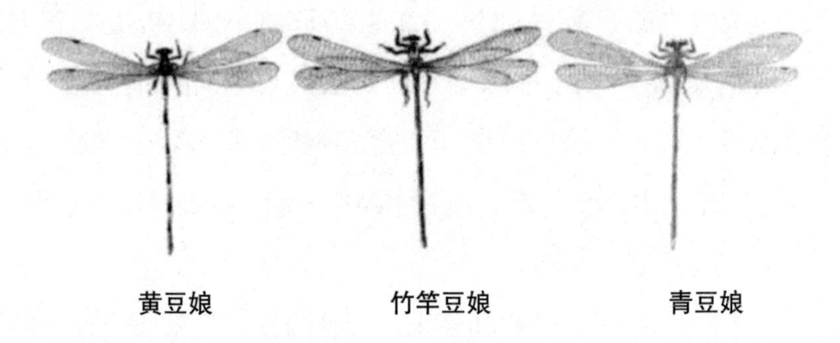

黄豆娘　竹竿豆娘　青豆娘

剩在最后的古蜻蜓类，是兼有以前两类形质的中间型的蜻蜓：身子粗，有大而左右接近的眼睛，完全和差翅亚目一般，但两对翅同形同大，基部较细，静止的时候，将翅竖起，在背上合着。这等形质更和均翅类无异。

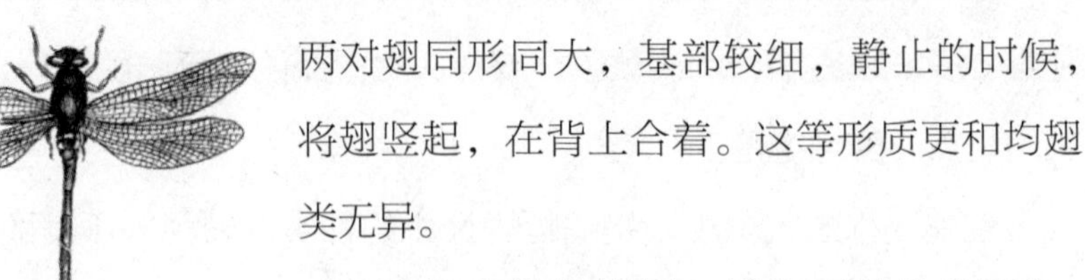

古蜻蜓

这样有趣的蜻蜓，是化石时代的遗物。那时曾兴旺地繁殖过的，因为已从世界各地，

掘出许多化石。可是现在已衰减，只有两种生存着：一种产在印度境内喜马拉雅山地区，它的幼虫，直到现在只获得一只，而且尚未能断定究竟是否属于这一种蜻蜓，一种产在日本各地溪间。

二　适于飞翔的构造

蜻蜓，有着细长的身躯和两对大翅，所以具有迅速的飞行力，这是谁都知道的。这两对翅都是薄膜，用细的网状脉，和中间几根粗的纵脉支持着，前翅和后翅，有同大同形的，也有后翅稍稍大些的。静止的时候，有的水平地张着，也有垂直地竖着，这些是蜻蜓分类上的重要根据。后翅的内缘，向下方弯曲，这是升降的调节器。当它高高向空中上升时，便把这内缘向前方伸去，降下时，将它向后方缩。

飞得快的昆虫，必定要有能够看远处的眼，所以蜻蜓的眼，在昆虫界中要算最发达的了。蝶和蛾的眼，虽也发达，但总不及它。蜻蜓的眼，不光是大，而且构成复眼的小眼数，又非常多，大概是15000只到20000只吧！每只小眼，只能映到物体的一部分的像，要由多数小眼的像，才能认识整个物体。而且当物体移动时，动的部分，移映在别的小眼，所以不用转旋眼睛，便知道物体在移动；当急速飞行时，可以明晰地看到外界情形，对它是十分便利。此外和蜻蜓同样，有一对大复眼的便是虻。家蝇也有大概8000只小眼，所以说家蝇在头上开着8000个小圆窗。蜻蜓除复眼之外，头顶上还有三只单眼。我们如果用漆将它的复眼涂满，放了。它就一径向天空遥遥上升，终于不知飞到哪里去了。因此我们可以推想昆虫的单眼是近视眼。

触角变成刺毛状，短细得几乎引不起人们的注意。腮倒强硬得很，就是甲虫类的坚甲，也能够毫不费力地咬碎，胸部很粗，向前下方倾斜的侧板（*Pleaum*）发达，而背腹两面反而十分狭细。所以脚不得不单生在比较前方些，而且左右都互相接近。六只脚聚生在口的后面，而且脚的胫部，生着一行细毛。若把六只脚一围绕，一只笼子便造成了。这种构造，在空中捕捉虫类，是非常适当的。一度被捕的虫，不容易从笼中逃走。而且脚就长在口旁，对于运食上也比较便当。不过它的脚不能像别的昆虫那样步行。所以静止时要改变位置，必须再飞起一回。取食物也必在飞行时。

性情凶猛，不是活的虫不吃。因为它有这种习惯专捕食为人类之敌的蚊、蝇、蝶、蛾、浮尘子等，所以实在是值得保护的益虫。

三　打箍和咬尾巴

我们常常看到，两只蜻蜓，头尾相接，打成了箍在空中飞行。有时独只蜻蜓，自己把尾巴咬住了飞。这究竟是什么意思？难道在打架吗？但是咬尾巴又怎样解释呢？要明白蜻蜓打箍和咬尾巴的原因，先须将蜻蜓的腹部构造，来细细观察一下·

蜻蜓腹部的末端，有一对钩形的把握器，雄的特别发达。雄蜻蜓常将这钩形的把握器，去挟住了雌蜻蜓的头部或胸部而飞行。而且它们腹部还有在别的昆虫身上绝找不到的奇妙的特别构造，这叫作副性器，是长在雄的第二、三腹节下面的复杂器官，作贮藏精液用。雄蜻蜓常常弯着肚子，把从尾端排泄出的精液，预先贮藏在这里。——这就是我们看到的蜻蜓咬尾巴。

雌蜻蜓的生殖器在尾端，形状是突起的。雌的头被雄的尾端挟住时，它也就立刻将腹部向前弯曲，把尾端抵到雄的副性器，插将进去，吸收精液。这时两只蜻蜓成首尾相连模样，就是我们所说的蜻蜓打箍。普通所用的“交尾”这个词，在别的昆虫，虽很适当，在蜻蜓，倒觉得有点儿不大吻合了！

四　点水蜻蜓款款飞

雌雄蜻蜓结伴飞行，有时是在搜寻产卵的地方，有时正在产卵。它们发现了适当的池沼，料定有足够孩子们吃的食料时，便向水中产卵。那么产卵时为什么要雌雄在一起呢？因为雌的身子轻，到水中就浮起，不能深深地潜到水中去，若有雄的帮助，那么可以深深地潜入水中，一直浸到雄的腹基部。它们的卵子，深深地附在水草的茎上，因为这样可免别种动物的捕食。有时我们看到红蜻蜓一面贴水低飞，一面将尾端蘸水，就是唐朝大诗人杜甫所歌咏的“点水蜻蜓款款飞”的情形，普遍都以为是在产卵。其实蜻蜓产卵绝不是这样简单，若不是雌雄相连，绝不能安全地产卵。

蜻蜓的卵，孵化而成幼虫。它们活泼地在水中动作，这叫作水虿。水虿有别的幼虫身上完全看不到的两个特点：第一，头部有一个“假面具”。这是下唇的变形，因为形状活像戴着假面具，所以就取了这一个名字。

这假面具的基部，变成了腕，附在口上，末端远有一双钩子。水虿也是肉食性的，捕食昆虫或小鱼。它要捉虫时，或是静静地等待，或是悄悄地找寻，遇到后，便突然将腕一伸，把假面具向前推出，用钩将虫挟住，再拉回来吃。幼虫还有一个特点，就是用来呼吸的直肠里面，有内部由毛细血管组成的乳状突起，再分出气管到身体各部，这叫气管腮。在由肛门吸入的水中，交换氧气和二氧化碳。

水虿是经过了几回脱皮，就有翅的痕迹，这叫亚成虫。它老熟后就爬上水草、木桩或石块，再脱一回皮而变成虫。幼虫期大概是一年。就用幼虫的形态过冬，到明年春天而变成虫。

五 太古时代的大蜻蜓

世界上现存的昆虫，虽在40万种以上，但古代昆虫的化石，却很少看到。据说已经发现的，只有3000多种，约合现存种类的百分之一。

为什么化石昆虫这样少呢？据学者们的研究，说有两种原因：一是昆虫在海水中生活的极少；二是在含有水分的地方，形成昆虫骨骼的几丁质便要溶解，所以不适于变成化石。

现在各国所发现的最古的化石昆虫，多是属于太古时代石炭纪的。这时，脊椎动物中最早出现的鱼类，已经早早产生了。在石炭纪时代，地球的表面，植物繁茂，昆虫已有许多出现，而且种类也颇丰富，因为这时的化石昆虫，从系统学上看来，已相当进化，而不是原始的了。

在这仅少的化石昆虫中，竟有一种古代巨大的蜻蜓。我们试仔细观察一下，便看到它的前胸有一对鳞片状的附属物，和现

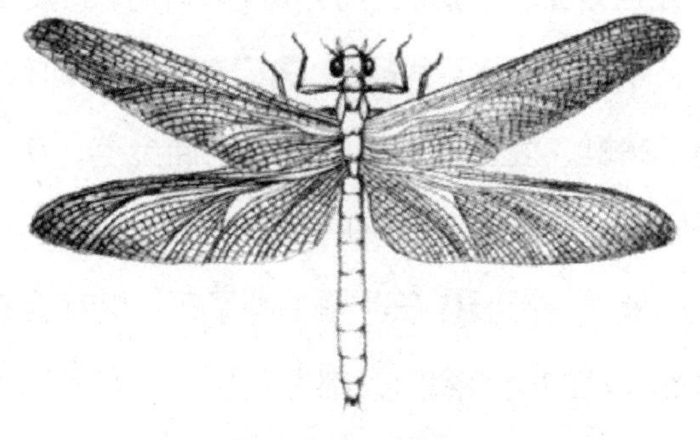

古代巨大的蜻蜓

在鳞翅类的肩板相似，身子和直翅类相似，翅上有细细的翅脉，密密地分布着，更和脉翅类相仿，此外都和现在的蜻蜓一般，可见大体上总还是比较原始的形态。

这种古代蜻蜓，真大得很，两翅张开，足有八分米。当它在茂密的古代森林顶上翱翔时，真同掠空低飞的双翼机一般。

六 薄翅描花

蜻蜓是孩子们最爱玩的昆虫——因为它既不会像蜂那样螫人，又不会像天牛那样咬你的指头，更没有蝗虫般多刺的足，和螳螂般见人便砍的镰刀。当夏天傍晚，孩子们便在竹竿梢头，装上一个篾圈，更缠上好多层的蜘网，东追西赶地去捉在水畔叶上休息的蜻蜓。捉得后，便用一根细线轻松地缚住胸部，放它在空中飞翔，但一端仍拿在手里，恰像玩氢气球一般。

这是现在各地通行的玩法吧！可是，古代的女子，却玩得更有趣，更艺术化。据《清异录》的记载：后唐时代的某宫女，有一天捉得了蜻蜓，爱它翅薄如纱，就用描金笔，在上面画了一朵小小的折枝花，用金线编织成的笼子养着。后来，这事传到外边卖花人的耳朵里，都照样在薄翅上画了花，装在金线笼里，售给游女。富贵人家的檐前窗口，都得几只穿绣花衣服的蜻蜓来点缀点缀，一时竟成风气。

第九章

蟋蟀

蟋蟀是一种古老的昆虫。油葫芦、三角蟋蟀等就是蟋蟀的不同种类，在古代书籍上，蟋蟀也被叫作蛩或者促织。蟋蟀由于品种不同，叫声也有差别。本节就介绍了蟋蟀的种类和别名，它的巢穴、形态、翅膀和歌声，除此之外，还介绍了蟋蟀的交尾、产卵和孵化等内容。

一　异种类和异名

一到晚夏初秋，篱边墙下，便可听到低吟浅唱的蟋蟀声，可是又因种类不同，腔调也就各异。现在把最普通的几种，介绍一下。

蟋蟀（*Gryllodes berthellus Saussure*）是我们通常捉来养着玩的一种。有些地方，因为它掘穴而居，又叫作穴居蟋蟀。从8月中旬起，直到11月中旬，继续不断地“瞿——瞿——瞿”高叫着。其余详别节中。

蟋蟀

油葫芦（*Acheta mitrata Burmeister*）体

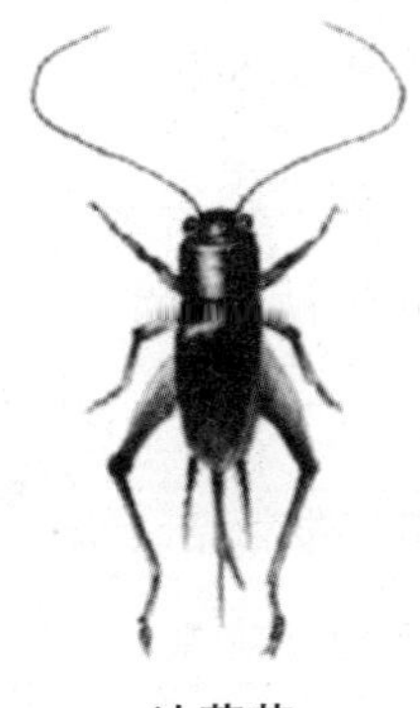
油葫芦

长25毫米，是蟋蟀中最大的一种，前翅发油光，现暗褐色，后翅折叠在前翅的底下，但还有长长的一截露出在外面，恰像添了一条尾毛，所以《事物绀珠》上说："油葫芦如促织而三尾。"成虫从9月中旬起，便很多地出现了。它们常住在堤畔或农场的垃圾中，食害胡瓜、甘蓝、粟和蔬菜等，或住在人家附近的草丛中。鸣声是"各罗各罗……"或"壳罗壳罗期……"，在著者故乡（浙江萧山）它被叫作牛粪蟋蟀，因为翅色很像牛粪。

三角蟋蟀（*Loxoblemmus hnanii Saussure*）体长约2厘米，翅现黑褐色，上面还有黄纹。雄的颜面，恰像削过般成一平面，头部有三个大的突角。通常在垃圾堆中，"利、利、利、利……"这般短促地鸣叫。这种三角蟋蟀，在著者故乡，多叫作棺材头蟋蟀，因为其颜面同棺材头有点像。因此又产生了一种迷信，若捉了这种蟋蟀拿到家里去，要发生不祥的事情。

高颧蟋蟀（*Lo oblemmus arietulus Saussure*）和三角蟋蟀相似，不过雄者头部的突角，不大明显。从10月中旬起出现，在堤畔或其他光线较少的地方，"利利利、利利利利……"这般断续低鸣。有时会光临屋内——尤其是灶旁。

高颧蟋蟀

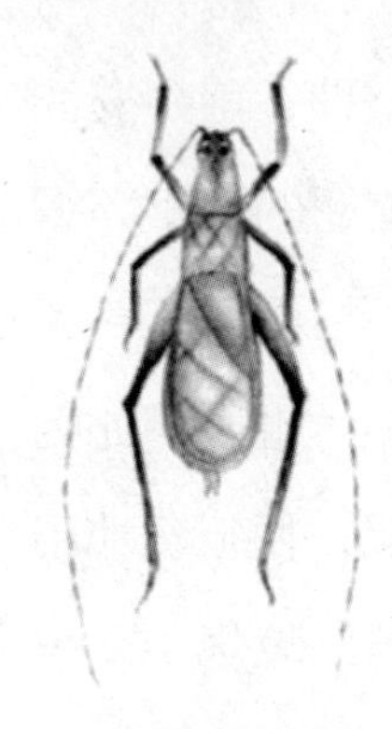
意大利蟋蟀

意大利蟋蟀（*Cecanthus pellucens Scop*）身子细小怯弱，体色苍白——有的几乎雪白。它住在各种灌木和长草上，营空中生活，降到地面来的时候很少。它的歌声“古利矣矣、古利矣矣”，缓慢而柔和，更略略带一些颤音，听到这种歌声，便可推知其振动膜很薄而阔。从7月直到10月，每天从太阳下山时，它都要继续不绝地叫到半夜过。

蟋蟀不单有这许多异种，就是普通蟋蟀，也因方言关系，又有许多异名，比如蛩，是它早早已经有了的异名，又因为它要低吟浅唱，就叫作吟蛩。它在秋天叫得最起劲，仿佛在催促人们，赶快织布，准备寒衣，因此又叫作促织和趋织。俗谚说：“促织鸣，懒妇惊。”于是山东济南就叫它懒妇（见《古今注》）。汉朝龙骧子，自己的名字叫作印，不愿说同音的蛩，就叫作秋风，这是因个人的方便，而替它加上的异名（见《清异录》）。此外还有王孙（见《陆玑诗疏》）、投机（见《埤雅》）、莎亭部落（见《清异录》）等特别的名字。

二　形态

蟋蟀的口器，是由广阔得几乎盖住了全部口的上唇、从中

央开裂分成左右两部的下唇、尖端锐利而坚牢的一对大腮，和躲在大腮下面同针一般细小的小腮，以及司触觉的下唇须和小腮须组成，所以属于咀嚼式，有颇强的咬嚼力，适于草食。

蟋蟀的胸部，也和别的昆虫一样，是由三个环节组成。前胸生一对前脚，中胸和后胸各生一对脚和一对翅，可是前胸特别大些，恰像我们卷了围巾一般。那么蟋蟀的前胸为什么要长成这等模样呢？大概当它一跳落下来时，即使头部碰着了什么，也可因这围巾状的部位保护颈部不受伤。

我们再来看它的翅膀，前面已经说过，有前翅和后翅各一对，后翅已经退化，只留着一些痕迹，藏在前翅的底下。前翅发油光呈暗褐色，狭长形，质地稍硬。后翅虽雌雄同一形状，前翅却不同，雌的只有细的网状翅，雄的还有美丽的波状脉，这就是它能够歌唱的缘故。

我们捉蟋蟀时，如果光抓住了它的一只脚，它便留下这脚而逃走了。这是一种自卫的手段：身体的一部分，已经陷在敌人手里，除舍去之外，没有自救的方法时，便只好将这一部分身体“自切”而逃命了。“自切”并不是利用敌人拉扯的力而脱下，是它自身有一种特别装置，可以随意地将这部分脱下。除蟋蟀之外，像蟹、蝗虫等的脚，和守宫的尾，都能够随意脱下，以便在危险中逃命。不过蟋蟀因为寿命太短促，脱下的脚，不会再生。

三　翅和歌声

蟋蟀能鼓翅发声，这是谁都知道的。那么这样小小的两片前翅，为什么能发出这般清朗的声调呢？所以我们应该把它前翅的构造，再来考察一下。

蟋蟀的两片前翅，是右翅盖在左翅的上面，几乎全部盖着。只两侧成直角曲折的部分，密贴在腹部侧面。这两片翅，是同样的构造，所以只需观察一片就行了。那么就看右翅吧，它在背上的部分，几乎水平，上面有漆黑而粗的翅脉，侧面成直角的曲折的襞，包住了肚部上面有斜斜地平行的细脉。全体翅脉，构成了一个复杂的、奇妙的图案，有几处好像阿拉伯的文字。

如果拿来透光一看，便见到有极薄而带赭色的，相邻的两处，是特别透明些的。前方的比较大些，成三角形；后方的比较小些，成卵形，各有一条粗的翅脉镶边，有几条细的皱纹。前方的，此外还有四五根辅助用的椽木，后方的只有一根，曲成弓形。这两处，便和螽斯类的鸣镜相当，是发音面。实在，这膜比别部分薄些，成半透明。

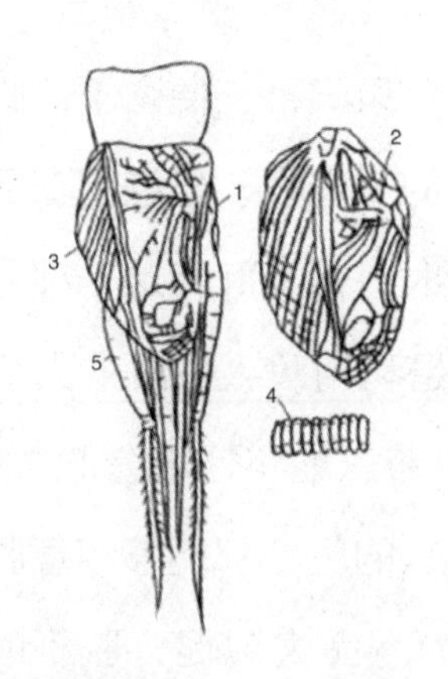

蟋蟀的发声器　1. 摩擦翅脉；2. 弓；3. 摩擦面；4. 弓的放大；5. 腹部。

前端的四分之一，是平滑略带赭色，用两根平行的弯曲翅脉和后方分

界。这两条翅脉中间，留着一个凹处，中间有五六个黑色小襞，恰像石阶一般。这等折襞构成摩擦翅脉，增加弓的接触点，使振动更加强大。

在这有石阶般小襞的凹处那面（翅的下面），有一根翅脉，上面有锯齿状的突起，这就叫作弓。你如果去数一数，便知道约有150个齿，虽叫它齿，其实是很好的三角柱。

左方的翅，完全和右方的一模一样。当它发声时，先把前翅举起，大约成45度的角度，而且左右两翅再稍稍分开，用在上方的右翅上的弓，摩擦下方左翅的发音面上的翅脉。这时左翅的发音面不用说，右翅的发音面，也因弓的摩擦余动，也起振动了。四处发音同时振动，所以发生很强的音调，连几百米外都能听到。

既然左翅和右翅一样，那么用左翅的弓去擦右翅的发音面，总也可以吧！或者轮流用用，也可减少肩头的疲劳。其实因为是右翅合在左翅上面，发音的时候，不能上下交换一下，所以左翅的弓，简直是无用的装饰品。

蟋蟀虽常和蝉比赛，但它不像蝉那样只发单调的噪声。它能将两翅举起或放下，变更音的强度，就是因翅缘和软软的腹部的接触面的广狭，变成低声微吟或高声放歌。

它的歌声，又和空气的温度有关，当残暑未消时，它也拼命高唱；金风乍起，玉露送凉，它也就凄凄切切地低吟了。在交尾的时候，通常也不发高声，只“唧唧瞿，唧唧瞿”地低声唱它的欢乐歌。这种声调，在著者故乡，叫作蟋蟀弹琴。

四 巢穴

这是昆虫历史上传下来的一段逸话：

曾有一只贫苦的蟋蟀，在自己门口曝日。一只美丽的蝴蝶，不知从哪里飞来。这蝶有两根长长的须，真漂亮，真好看，淡蓝色的月斑，连成一串，黑线上，还有点点金光。

“飞呀！飞呀！”隐士对蝴蝶说，“花枝上，朝朝暮暮；你的蔷薇，你的雏菊，不及我卑陋的小舍。”

他的话真不错。暴风骤雨来了，蝶便落在泥潭里，它破碎的遗骸上，天鹅绒都染了污渍。可是，不怕风雨的蟋蟀，不管雨打、风吹、雷鸣，躲在小房子里，毫不在意地瞿瞿低唱。

呃，谁都在东奔西走，找寻快乐和鲜花。卑陋的家庭和家庭中的爱，倒是使我们免除忧患。

上面是法布尔《昆虫记》中歌咏蟋蟀的诗。他不称赞它的歌声婉转，而只推崇它的造巢能力。的确，蟋蟀是造巢的天才。别的昆虫，多在开裂的树皮、枯叶、石砾的下面，暂时寄身，独有这种蟋蟀，轻蔑现成住宅，要拣好向阳而合乎卫生的草原，用自己的力，从穴口直开掘到深处。

穴的内部，非常朴素，可是并不粗陋，蟋蟀已费了长长的时间，把令自己不愉快的凹凸，全部消除了。从穴口起，先是一条指头般粗，六七寸长的走廊。走廊的尽头，便是一间卧室，比别部打磨得更光滑、更宽大，这是它休息的地方。穴内非常清洁，毫无湿气，很合卫生。虽然不见得怎样复杂和宽敞，但对于没有什么掘穴工具的蟋蟀来说，真同开一条大隧道一样啊。

除交尾的时候外，穴里总是住一只蟋蟀。若有不愿自己开掘的懒惰者来夺穴时，便起一场大争斗。当然，这穴是属于优胜者的了。

五 产卵和孵化

要看蟋蟀产卵，不必怎样大规模地准备，只需有点忍耐心就行了。六七月里，捉一只雌蟋蟀，放在底上铺着一层泥土的花盆里，再用玻璃或铜丝网罩着，防它逃走，而且常常调换鲜菜叶，不要使它挨饿。这样布置停当后，如果你还肯热心地一次一次访问，那它一定能够给你一个满足的报酬。

雌蟋蟀产卵时，将产卵管垂直地插入泥土中，静静地伏着，过了好多时，拔出产卵管，休息一

蟋蟀产卵的姿态

回，再到别处去，在它势力范围内的全面积上，一次一次地反复着，大约经过24小时，产卵工作方才完毕。

我们如果拨开花盆中的泥土，便能看到成两端圆的圆筒形，长约2毫米，稻草似的黄色的卵，各个孤立，垂直地并列在土中。凡是2厘米深的地方，便能寻得。一只雌蟋蟀，要产五六百枚卵。卵数这般多，大概在短期间内，还要经过残酷的淘汰。

卵在产后的第十五六天，两点圆圆的带赭色黑眼，在前端隐隐地看得出了。这时，这两个黑点的稍上方，就是圆筒的顶点，有一个小小的圆圈痕显现，这就是破裂线。不久，卵透明了，连幼虫的环节都看得出。后来，卵顶被这蛰居者的额一顶，就沿着破裂线分离，抬起，挂在一边，恰像小坛的盖子。小蟋蟀，就从这魔术箱里出来了。

幼虫出来后，壳依旧膨胀地留着，光滑、洁白一点没有伤痕，球帽似的盖子，倒挂在口上。鸟卵壳往往被雏鸟啄得七洞八穿，但蟋蟀的卵壳，倒有更好的装置，只需用额一顶，便因铰链作用完全像象牙筒似的开了。

抬起象牙筒似的盖而出来的小蟋蟀，身上还有襁褓似的一层薄膜紧紧地包裹着。蟋蟀有着长长的须和长长的腿，就这样从卵中出来，一定砸砸碰碰，有许多不便，所以要这样一件产衣。当它一出卵口，便把这层薄薄的襁褓脱去了。

脱去薄纱般的襁褓，洁白色的小蟋蟀，立刻和头上的泥土开战。它用颚咬咧、扫咧，细碎的尘埃，便用脚蹴向后方。终究

到达地面，浴着和暖阳光，同时，和蚤一般大，非常孱弱的它，已投在生存竞争的危险漩涡中了。经过24小时，体色变成黑桢色，和成虫相仿。当初洁白的身躯只剩一条狭狭的白带，绕在它的胸际，恰像刚学步的孩子，胸口缚着一根牵带。

它舞着长长的触角，慢慢地走，高高地跳，只需提防要残杀它的敌人——蚁。

到10月底，天气逐渐冷起来，就着手掘穴了。起初掘得很起劲，在容易掘的土地上，只需两小时光景，就全身没入地下。此后得到闲暇，便每天掘一点，所以随着天气的加冷，身子的长大，它的穴也渐渐地越掘越深。渐渐大了。这样在地下过冬，到来年春天，又跳到地面上来。

六　交尾和争斗

蟋蟀是雌雄别居，大家都不大愿意出门。那么终究是哪个出门呢？是叫的雄虫，走到被叫的雌虫那边去呢？还是被叫的雌虫，走到叫的雄虫那里去呢？若说在交尾时期，鸣声是远远地隔离开的两家间的向导，那么应该是哑的雌虫，走到饶舌的雄虫那儿去。可是，你如果细细观察，好像雄蟋蟀有一种特别方法能够追寻无声的雌虫。

如果有两只求婚者，便要起激烈的斗争：双方相对立起，劈头便咬头盖——但这是很结实的兜，大腮咬不进的。接着，双方扭结着在地上打滚，再立起，各自分开，败的一方便赶忙逃走，胜的一方高唱凯歌。

此后，胜利者便在雌虫的周围骨碌骨碌地兜圈子。它用指尖将一根长须拉到腮下来，细细地玩弄，涂上一层唾液，又将穿着铁跟靴、缠着红带的长后肢，焦灼地踏地，或向空中弹蹴。两翅虽迅速地颤动，但并不发声，即使发一些微音，也是不整齐的擦音。

求婚失败了。雌虫已逃跑而躲入草丛中，但它还在牵帷眺望。这恰和古代希腊牧歌中的名句所咏一般：

逃向柳荫深处。

好从隐处观瞧！

恋爱的历程，是到处都同的。

歌声又起，低低的而夹着颤音。雌蟋蟀终究因这般的热情而动心，从隐处出来。对方走到雌虫的面前，忽又掉转身来，尾巴向雌虫，伏着倒退，一步一步地逼近来，再三地想滑进雌虫的腹下，这奇妙的后退的动作，终究会达到目的。一粒精囊，比针头还细小的微粒，摇摇地落下了。

10米左右的长距离旅行，在蟋蟀看来真是一件大事业。那么事情完毕后，平常幽居鲜出、地理不熟的它，已无法回家了。它已没有重新掘穴的时间和勇气，只在草畔彷徨，往往做了巡夜的蛤蟆的点心，得到悲惨的结局。它虽因求爱而失家杀身，但已完成了传种的神圣义务。

七 《促织经》

唐朝人多喜欢捉得蟋蟀，养在小笼子里，放在枕畔，夜里听它的歌声。到了宋朝，江浙一带，已有用斗蟋蟀来赌钱的了：斗时，必先依着虫的大小轻重配搭，赌钱的人，也各认定一方，任意下注，然后在特别的盆中，用草牵引，开始争斗。由两虫的胜负，来决定钱的输赢，凡常常得胜的蟋蟀，便有什么将军的封号，死后还要用金棺盛了埋葬呢！

南宋时代的宰相贾似道，便是和蟋蟀最有缘的。那时建都临安（现在的杭州），他便在西子湖边，造一间别墅，叫作半间堂，在里面大斗蟋蟀。他不但在《蟋蟀谕》中，大大地赞美，说什么：

暖则在郊，寒则附人，似识时者；拂其首则尾应之，拂其尾则首应之，似解人意者；合类颉颃，以决胜负，英猛之气，甚可观也。

他还写了一本《促织经》，把选择法、饲养法、疗治法说得清清楚楚，现在就再抄录一节吧：

生于草上者其身软，生于砖石者其体刚，生于浅草、瘠土、砖石、深坑、向阳之地者，其性劣。其色，白不如黑，黑不如赤，赤不如黄，黄不如青。其形，有白麻头、青项、金翅、金银丝额，上也；黄麻头次也；紫金黑色又其次也；以头项肥、脚腿长、身背阔者为上；头尖、项紧、脚瘠、腿蒲者为下。其病有四：一仰头、二卷须、三练牙、四踢腿，若犯其一，皆不可用。若两尾高低、两尾垂萎，并是老朽，亡可立侍也。其名，有：白牙青、拖肚黄、红头紫、狗蝇黄、锦蓑衣、肉锄头、金束带、齐膂（lǚ）翅、梅花翅、琵琶翅、青金翅、紫金翅、乌头金翅、油纸灯、三段锦、红铃月额、头香色、脤（shèn）铃之类。养法：用鳜鱼、菱肉、蔗根虫、断节虫、扁担虫、煮热栗子、黄米饭。医法：嚼牙，喂带血蚊；内热用豆芽尖叶；粪结用虾婆头煮川芎搽浴；咬伤用童便蚯蚓粪调和，点其疮口。

这位宰相养蟋蟀的经验，确是丰富，你看他能说出这许多诀窍。可是仅保的半壁山河，又在“瞿瞿”声中，动摇了，亡失了。

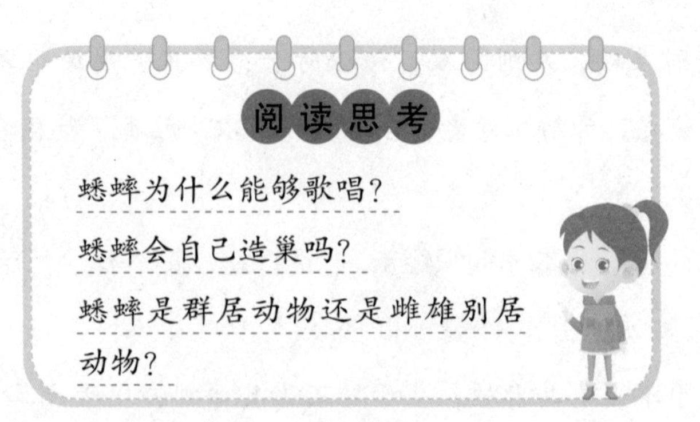

第十章

蝗虫

轻松导读

蝗虫和螳螂是远亲。蝗虫的幼虫叫蝻，蝻和蝗在形态上是不相同的，蝻要经过蜕皮才能称为蝗。大群蝗经过的地方，草地庄稼都被摧毁。本节主要介绍了蝗虫的种类有哪些，它们如何产卵的，以及从蝻到蝗的过程等内容，还介绍了蝗虫的危害，以及治蝗的方法等，非常有借鉴意义。

一 种类

蝗虫是螳螂和蜚蠊（lián）的远亲，但和螽（zhōng）斯蝈蝈儿倒是弟兄辈分，你看它除触角成鞭状而短，雌的产卵管不长，变成短短的钩状，雄的生殖下板，很强大，成舟形藏着交尾具等几个特点外，几乎完全相同。

蝗虫科又可分作九个亚科，种类多得很。有几种只栖息于南美或西欧，现在将我国常见的几种，介绍一下。

大蝗虫（*Pachytilus danicus Linnaeus*）体长50毫米到70毫米，全身现黄褐色或绿色，而且略略带一点天鹅绒般的闪光。大腿是蓝色。前胸背部的中央，有一条纵向的隆起。前翅很长，盖住了腹部还有许多刺，上面还有黑褐色的斑点。后腿节是鲜红色。幼虫起初是白色，不久，就变暗灰色。常常结成大群，到处飞行。

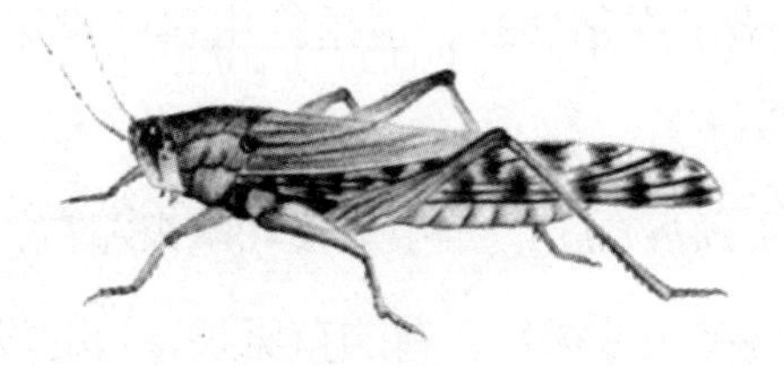

大蝗虫

红脸蝗虫（*Stauroderus bicdor*）体长30毫米到60毫米，普通多现褐色，偶然也有别种色彩的。脸带赤褐色。前胸比头部更细，背面突起的纵纹，是黑色的。前翅比腹部长，有黑褐色的斑点，近着中央，还有几点灰白斑。后翅透明，末端稍稍暗些。后肢的腿节，是淡红底色上洒了黑斑，胫节端是赤褐色，跗节是黄白色。这是草丛中常常遇到的一种，还能够“其、其、其”地啼叫。

车轮蝗虫（*Gastrimargus transversus*），雄的长40毫米左右，雌的是50毫米左右。体现绿色或褐色，触角黄色，前胸的纵走隆起和两侧的纵条是黑色。前翅绿色，两侧成黑褐色，还有两三条纵走白纹，外缘有黑褐纹散布着。后翅的基部现绿黄色，外面有

红脸蝗虫

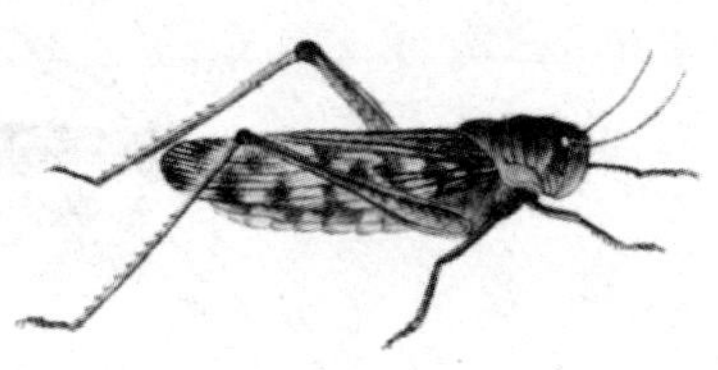

车轮蝗虫

一黑带绕着，张开时恰像车轮。车轮蝗虫的名字，也是因此而来的。后肢的腿节上有小黑点散布着，胫节是红色的。

此外，像捣米虫和蚱蜢，也是蝗虫科中常见的昆虫，就顺便在这里介绍一下。

捣米虫（*Acrida lata*），雄虫体长40毫米左右，雌虫体长85毫米左右。全身现绿色或褐色，有的有斑条，有的没有斑条。头成圆锥形，突出。有一对扁平成剑状的触角。雌虫的头部两侧，有桃色的纵纹。前翅的中央，又有一条纵走的白纹。飞翔时，发“克几克几”的摩擦音。你如果抓住了它的两只后肢的胫部，它全身便一俯一仰，动个不休，恰像捣米一般，所以得了这样一个名字。

捣米虫

稻蝗（*Oxya velox Fabricius*）是有名的稻的大害虫，分布于东亚各地。体长30至50毫米。现黄绿色，前胸的两侧有褐色纵纹。前翅比腹部长许多，前缘还有深深的缺刻。

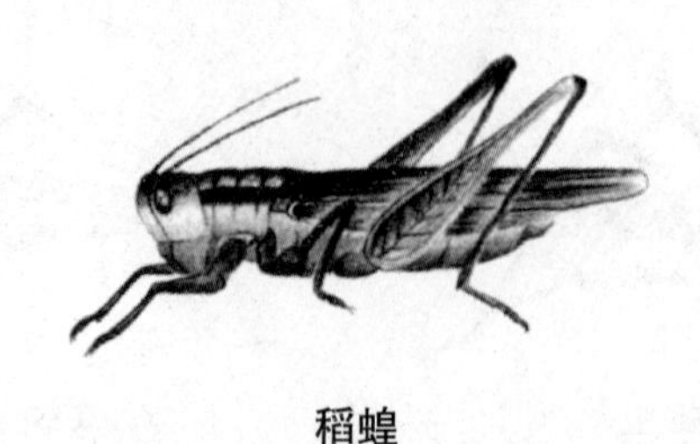

稻蝗

脊条蚱蜢（*Patanga succincta*），雄的体长三四十毫米，雌的有六七十毫米。体现黄褐或赤褐色，从头顶直到前翅的后缘，有根粗的黄纹。复眼的下面，装着粗的黑条。前胸两侧，有黄白两条，中间还夹一根黑纹。前翅很长，超过尾端，黄绿色，但基部成黄白色，中央及外缘，有褐色的斑纹散布着。后翅暗褐，翅底带赤色。

脊条蚱蜢

二 鸣声

当蝗虫吃得饱饱的在日光中悠然休憩的时候，为了表示满心喜悦，它用粗胖的后腿，或右，或左，或两方一起，擦自己的腹侧，发出针头划纸似的低低摩擦音，每反复三四回，休息一下。其实，这不过像我们感到满足时的擦手，不能算什么鸣声。像大蝗虫和捣米虫，当飞行的时候，前后两翅相击，发出“葛几葛几”的声音，也不大像音乐。

唯有红脸蝗虫等，能用有特殊构造的后腿，摩擦前翅，发出“察——察——”的声音。虽没有像蟋蟀、蝈蝈唱的歌那样好听，但在寂寂旷野中，听到这样单调而哀愁的鸣声，谁都会涌起诗情吧！

这种蝗虫的后腿，上下面都有龙骨形的隆起，而且各面还有两根粗的纵脉。这根粗脉中间，都有成锯齿状的突起。不过被腿节摩擦的前翅的下缘，只有几根粗脉，此外并无什么变化，而且这几根粗脉，既不是同锉（cuò）一样粗糙，又没有齿形。这样简单的乐器，要发出人们听得见的音乐，它必须起劲地将后腿举起放下，动个不休。

当天空中断云飘浮，太阳时现时隐的时候，你若去观察它们的歌唱状况，便能得到下面的结果：当阳光照耀时，两腿迅速地擦动，歌声虽短促，只叫太阳不躲进云里，总之反复下去。云影移来，歌声立即停止，等待阳光照临时再唱。

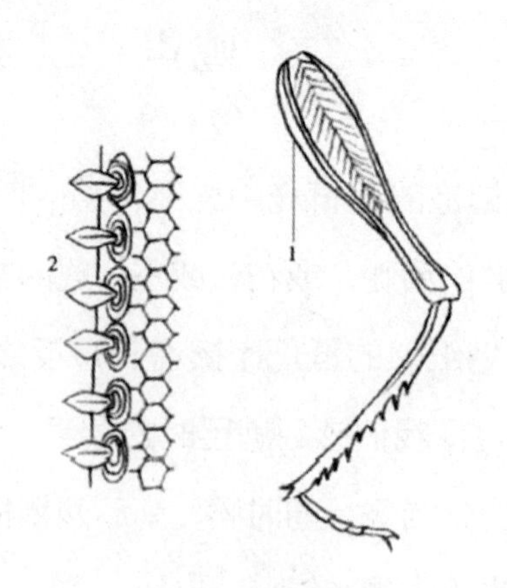

蝗虫的发声器

1. 后肢的锯齿面；2. 锯齿面的放大。

发音的动物，大概都有耳朵的。蝗虫类的听器，在腹部第一节的两侧。这是半月形的鼓膜，下面装有导音器、听细胞、听神经，在第二龄的幼虫，能够从外面看到，不过也有终生不露什么痕迹的。

三 产卵

蝗虫交尾是雄虫走近雌虫，这时，有鸣器的种类，便起劲发音。到后来，终究攀登雌虫的背面，伸长蛇腹式的肚子，左弯右曲地把尾端和雌的相接。这种交尾形式，和螳螂相同，和蟋蟀各异，完全是交尾具形态的关系，这里不详述了。

母虫产卵，总在4月下旬。它选择了向阳的地方，努力将尖端圆钝的腹部，垂直地插入泥中（但也有产卵在朽木中的），直到全部埋没。因为另外并没有什么穿孔器，不大容易插入，常常使它踌躇，但终究以坚忍而达到目的。

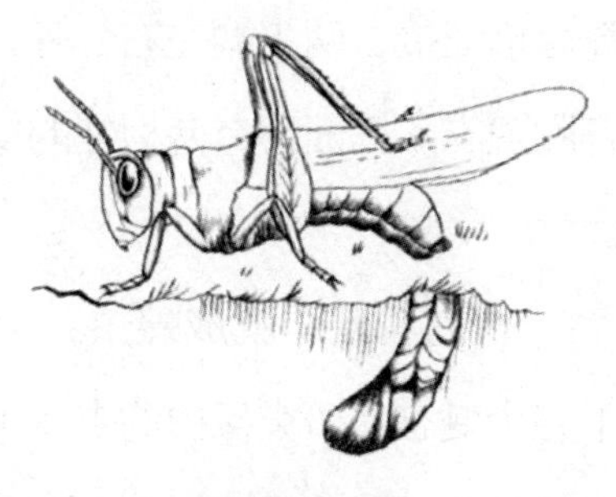

蝗虫的产卵

母虫将身子一半埋入泥中时，辛苦的工作，也告成了一半。它又把身子仰一仰，这是将卵挤出的动作，所以每隔一定时间反复一回。大约经过40分钟，母虫赶忙将腹部从泥中拉出，向远方跳去，既不看一看产下的卵，也不扫拢泥沙来遮盖孔口。

蝗虫没有蟋蟀般长的产卵管，但卵若不放在相当深的泥中，湿度不够，所以只好尽可能地伸长腹部。若把产卵的雌蝗，从穴中拉出来，诸位必定要看了吃惊，因为环节间膜，已出乎意料地伸长，而成透明的腹部了。

蝗虫类的一个卵块，大约含有30到60颗卵子，还有黏液做成的外包。

四　从蝻到蝗

蝗虫的幼虫，有一个特别名字，叫作蝻。形态上和蝗是不同的，就在于二对翅。蝻的前翅是小小的三角形，上端附在背上，和前胸甲的隆起相连接，两尖端左右分开，恰像一袭为了可惜布匹而做成的齐胸短衣。里面还有两根细的皮肤，这是翅的萌芽，比前翅更小。

蝻完成了最后一次的脱皮，就成蝗虫，中间不必经过蛹的时期，所以叫作不完全变态。研究昆虫的书本上，虽这样清清楚楚地写着，但读者总觉怀疑：形态这样复杂的蝻，难道也能像蛇那样脱皮吗？生着两行细刺的脚，怎能脱得出呢？还是同死去的表皮那样，零零碎碎地脱落呢？

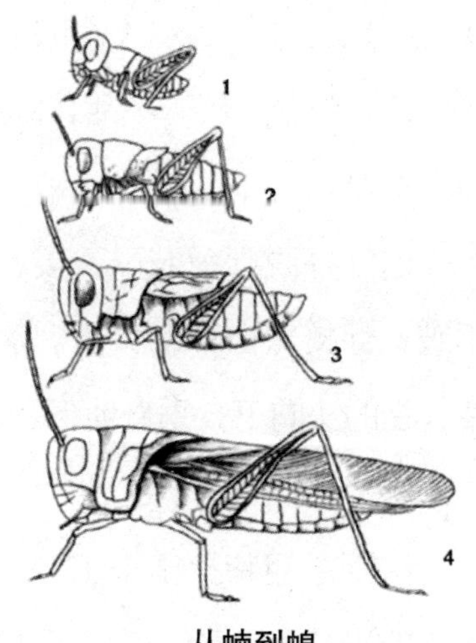

从蛹到蝗

假使你有忍耐心，你便能看到从蛹变蝗的经过。当它用爪仰向地挂在某物上，前肢缩在胸口，三角形的小翅，尖端向左右张开，中央露出两片狭狭的薄板。这就是到处保持安定的脱皮姿势。

首先，不能不把旧衣撕破。

前胸甲的背面，隆起纵纹的下面，起一胀一缩的鼓动，项颈的前方，也有同样运动。大概要破裂的甲壳下面，全都有这等运动，不过只装着薄膜的接合处，让我们看到。

蛹所蓄积着的血液，齐向这中央部涌来。外皮尽可能地伸张，伸张，终究沿着预先准备着的，抵抗力最少的一线，破裂了。裂口和前胸甲一样长，恰恰开在隆起部的上面。它的外皮，除这抵抗力最少的一线外，不论哪部分，绝不会破裂。裂口渐渐伸长，后方直到翅根，前方达到头部，达到触角，再在那里，向左右各分一条短短的枝，背脊可从这裂口看到了，极软、苍白，略带灰色。不久，渐渐膨起，渐次变成了瘤，终究完全脱出。

接着，头部也拉出了。面具，照旧留在原处，丝毫不改变：两只已经什么也不看的玻璃眼睛，实在奇妙得很，触角的筒，并无皱襞，丝毫不乱，保持着自然的位置，在这死而透明的面上垂着。

这回是脱到前肢了，接着中肢也脱下了手套，依旧是不裂不皱，保持着自然的位置。这时，虫只凭长长的后肢的小爪挂着，它的头向下，垂直地下垂，我们若用指头去碰一碰，便像钟上的摆，那样摇摆不定。

这回是翅膀拉出来了。这简直是四片狭幅的破布条，又像嚼碎的纸捻头，而长度也只是长成后的四分之一。这时非常软弱，垂在体的两侧，应该向着后方翅尖，现在竟向倒挂着的虫的头部方向，恰像四片厚肉的小叶，受暴风雨的侵袭而萎垂。

这时，拔后肢了。大腿在里面是涂着淡蔷薇色，一会儿，这种色彩变成浓红色的线条。照我们想来，拔后肢倒并不难，因为有庞大的某部和大腿，替细细的胫部，开了通路。

可是，事实上没有这样容易。蝗虫的胫部，有两行锐利的针状突起，还有四个粗爪附着在下端。蛹的胫部，也是同样构造：一个一个钩爪，用同样的钩爪，一一包着。一个一个齿，也是嵌在同样的齿里面。这锯子般的胫节，能够毫不损伤它狭长的鞘而拔出，若不是亲眼看到，总不能相信有这回事。

刚才脱出的肢，柔软得很，不适于步行，但过几分钟，就相当硬了。于是，拔腹部了，这薄薄的上衣，起襞、生皱、缩成一团，连在尾端。这尾端暂时嵌在壳里，此外，蝗虫已全身裸体了。

它头向着地，颠倒挂着。着力点，现在是空的胫节上的四个小爪。这四个小爪，在全部作业中，绝不移动。

尾端黏着壳上，定着不动。肚子非常大，里面贮满了可构成组织的体液，这液立刻用在翅的发展上。

它休息了20分钟左右，背脊一挺，便向上了，再用前肢的跗节，攀着挂在上面的空壳，退出尾端，身子摇摆一下，而空壳坠地了。

完成了这种繁重的工作后，穿着齐胸短衣的跳蝻，就变成遮天蔽日的飞蝗了。

五　蝗群

蝗有集成大群，飞行各地的习惯。1889年，红海附近出现的大蝗群，估计有2500亿只，重达5.5万吨。在远处的大群蝗虫，恰像雨云一般。其飞行的速力，普通是每小时十里至二十里，若乘着顺风，四五十里也并不稀奇。高度约二三千尺。拍翅发声，和骑兵赴战场时的马蹄声一般，又像暴风乍起吹卷船桅。大群经过时，在附近的一切蝗虫，都全部加入，连到无翅的跳蝻，也向着同一方向进行。地面不比天空，有重重的障碍，不让你直线进行，可是，跳蝻的坚决的意志，竟战胜重重难关：若有墙垣拦住，它们便攀升，若遇流水阻隔，便浮水而渡，有时各自咬住别虫的脚，跨河架起一座活桥，牺牲一部分，让多数同类渡过去。

蝗群若降到地面，因虫数比草叶更多，青青的草原，立刻变成赤土，阿拉伯人常常受蝗群的迫害，害怕得很，竟认作是一种天降的恶魔来对人类复仇。在他们想象中的蝗虫，是有牡牛的首、牡鹿的角、狮子的胸、蝎的尾、鹫的翼、骆驼的腿、鸵鸟的脚和蛇的尾巴的怪物。它具有一切动物中最强的、最快的、最可怕的特性。他们还信着：蝗虫只产99粒卵，若满百粒，它的孩子们，便要吃尽全地球。北美洲最有名的蝗虫，名叫落基山蝗虫。政府为了对付它，还特地设立了一个特别机关。

我国蝗灾，历朝都有，真是记不胜记。现在把《玉堂闲话》中，关于晋朝天福末年大蝗灾的记录，介绍在下面：

蝗之羽翼未成，跳跃而行，其名蝻。晋天福之末，天下大蝗，连岁不解，行则蔽地、起则蔽天，禾稼草木，赤地无遗。其蝻之盛也，流引无数，甚至浮河越岭、逾池渡堑，如履平地；入人家舍，莫能制御，穿户入牖（yǒu），井溷（hùn）填咽，腥秽状帐，损啮书衣，积日连宵，不胜其苦。郓城县有一农家，豢（huàn）豕（shǐ）十余头，时于陂泽间，值蝻大至，群豢豕跃而啗食之；斯须，腹饫（yù）不能运动。其蝻又饥，唼（shà）啮群豕，有若堆积。豕竟困顿不能御之，皆为蝻所杀。

在草原上点点飞跃，引得小孩们东奔西赶地追逐的蝗虫，竟能这样加害于人，真是万万想不到的。关于它们群飞的生理原因，直到现在还不曾研究明白，这里也只好略去不谈。

六　治蝗

据说埋在泥中的蝗卵，若遇大雪，便要深深地往下钻，来年不得孵化。所以苏东坡《雪后书北台壁》的诗中，有“遗蝗入地应千尺”的句子。这究竟是否为事实，还须经过实际的考察，但采掘卵子，要算治蝗的根本办法。曾经日本北海道发生飞蝗，开拓使就悬赏收买卵块，竟有不少因此发财的农家。

南非英国殖民地发生大蝗灾时，当地人便张起布幕，拦住去路，使蛹全数堕入幕下新掘成的沟中，布幕的下沿，还缀上光滑的皮带，防它攀登。但这种方法，只适用于蛹，若已长成长翅，半天飞舞，你再也休想拦阻它。

现在南非地方，对付这种飞蝗，是用煤气烧杀，但有连植物都烧死的缺点。

现在已经发现的有效方法，是在幼虫时代，将砒酸铅、巴黎绿等毒药，撒布在食草上，把它毒毙，不过，一切家畜，都须隔离。

这等凶横的蝗虫，其实也有许多天敌。

到了秋天，常常有死的蝗虫停在草上，这是被一种特别的菌类寄生的缘故。还有一种名叫美而米司的蛔虫，寄生在蝗虫的体内，当它从肛门外出时，寄生主蝗虫就死了。豆芫菁（*Epicauta gorhami*）要吃蝗虫的卵。此外像螳螂等，更是以蝗虫作为主要食品。人们如果能保护这些虫类和菌类，那么，蝗灾也可减少几分。

七　几则蝗虫食谱

蝗虫要掠夺人们的粮食，但另一方面，人也在吃蝗虫。南非地方有吃蝗的人种。他们除去蝗虫的翅和脚，再将它研碎，作为日常的食料，有时，涂上麦粉，到油锅里去一炸，做成一种煎饼，这算是细点心了。平日，把蝗虫放在火上一炙，蘸了酱油就吃。

在从前阿拉伯地区，蝗虫算数一数二的上等肴馔，当举行祭典或庆祝时，台面上无论如何不能缺少这道菜。现在更把独玛将军在所著“大沙漠”中，引用的阿拉伯某著者的蝗虫食谱，节译在下面：

蝗虫是人和骆驼的好食料。把活的或是晒干的，取去肢、翅、头，或炙，或煮，或是加了麦粉炖汤吃。

晒干了，磨成粉，加些牛乳，或加麦粉调炼，再加脂肪或牛酪及盐，煮食。

我们是靠圣母玛利亚的福。神为了她要吃无血之肉，而送蝗虫。

有人去问伊斯兰教徒的王：“你究竟许不许人民吃蝗虫？”王回答说：“我也要吃一篮呢！可以吃的。”

那时王侯的御馔中，除鹧鸪、兔子，以及美味的水果外，必定有用长长的竹丝串着的烧飞蝗。据说味道和小虾相似，但还要鲜美。

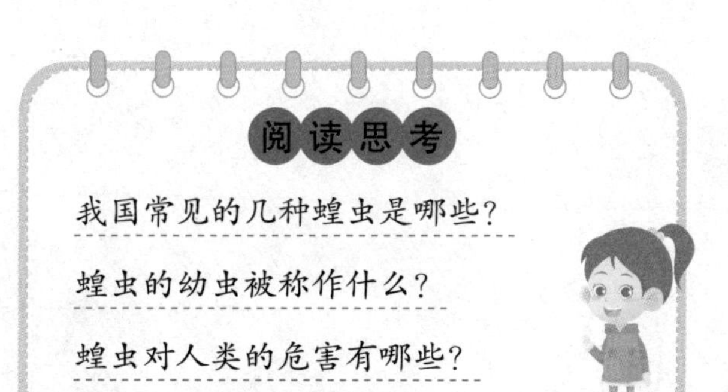

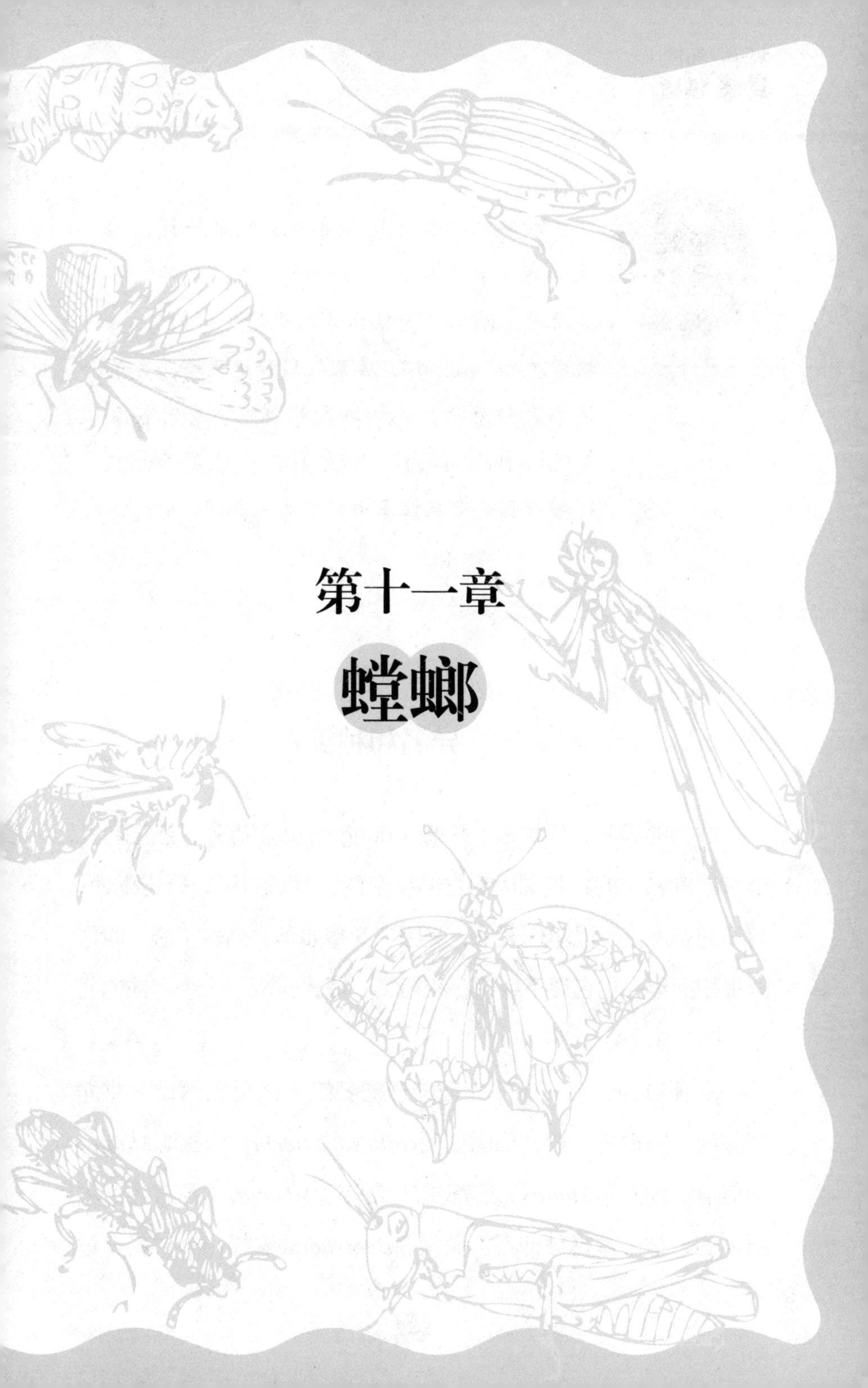

第十一章

螳螂

蝗螂的幼虫，也和蟋蟀、蝗虫一样，只生着短短的翅膀。但螳螂捕食的残忍性，从小就有。刚从卵壳钻出来的小螳螂，捕食蚊、蠛蠓（miè měng），后来捉蝇和小飞蛾。身子逐渐大起来后，连蜘蛛和蝉都吃。有时甚至会吃掉自己的同伴。读到这里，你会不会觉得螳螂真是有点让虫虫们闻风丧胆呢。

一　异名和种类

螳螂的异名，除螳蜋、蟷蠰（dāng náng）等外，还是有几个有趣的名字的：我国因为它昂首奋臂，颈长身轻，行走迅速，有马的姿态，所以叫作天马；又因它两臂如斧，当辙不避，叫作斧虫和拒斧；见它翼下红翅，和裙裳一般，又取了一个阴性的名字，叫作织绢娘。

欧洲方面，有一个带宗教味道的名字，因见它两臂常常缩在胸前，同祈祷一般，德国就叫*Gottesanbeterin*，法国叫*Mante*，用英语的地方叫*Mantis*。这都是从希腊语中*Uavtis*（预言者）生出来的，意思就是拜神者。美国有*Bear-horse*这样一个俗名，意义是竖立的马，也是由它的姿势而来的。日本叫作镰切，因它伸臂捕虫时，恰像用镰刀切物。

螳螂的种类也相当多，现在把最普通的大螳螂和普通螳螂，介绍一下。

薄翅大刀螳（*Tenodera capitata Sauss*）体长八九十毫米，是最大的一种。全身是绿色或黄褐色。前胸颇长，两侧有锯齿，背面有纵走的隆起。前翅比腹部更长，翅很细密，简直同绫一般，前缘呈黄色。后翅半透明，横脉的一部分现褐色。前肢的基节，黄橙色，跗节的内侧，有黑褐色的纹理。

枯叶大刀螳（*Tenodera aridifolia Stoll*）体比薄翅大刀螳小些，长约七八十毫米。全身呈绿色或黄褐色。前胸细长，背上有纵走隆起，但并不高。前翅盖到尾端，还略有剩余，横脉细，前缘阔，呈黄白色。后翅淡褐色成半透明，有一部分横脉，很明显，现浓褐色。

枯叶大刀螳

此外像澳洲芽翅螳（*Pseudomantis maculata Thumberg*）、双突斧螳（*Hierodula bipapilla Serville*）等，也是常常遇到的。最

特别的是，产在东非洲的花形螳螂，胸节的两侧，和前肢的腿节，各有美丽颜色的薄膜张着，错认作花朵而飞来的蝶、蛾、蝇、蜂等，常被这螳螂捉住。

二　幼虫和成虫

螳螂从卵孵化，直到成虫，要脱九次皮，身子也逐渐长大，与蟋蟀、蝗虫一样，都是不完全变态的昆虫。乍看之下，形态上颇和蝗虫科中的捣米虫相像，但它的后足，不能像蝗虫那样跳跃，只用中足、后足，在草丛花间，敏捷地走着。装着镰刀状的前足的前胸节，比中胸节和后胸节要长得多。这前胸节的长度，从孵化出来的幼虫起，每脱一次皮，延长二成九分。所以若知道了最初幼虫这节的长度，那只需将这节量一下，便能断定这是脱了几次皮的虫。复眼的长成，也是同样，每脱一次皮，复眼每只小眼的长径，扩大二成九分。

螳螂的幼虫，也和蟋蟀、蝗虫同样，只着生短短的翅膀，有些地方，就叫它赤膊螳螂。但捕食的残忍性，从小就有了。刚从卵壳钻出来的小螳螂，先捕食蚊、蠛蠓这般小昆虫，后来会捉蝇，以及小的飞蛾，身子逐渐大起来，那么连大型的昆虫——蜘蛛，都是它们的食料了。蝉更是它们最喜欢吃的肴馔，所以有“螳螂捕蝉，不知黄雀在其后”的话。蝗虫的体力比螳螂大得多，而且又会飞会跳，照理应该可以很容易地遁逃，可是并不逃走，反而走到螳螂身边去。这真同受了催眠术一般。

螳螂从刚出卵壳的幼虫时代起，直到成虫老死，终生捕食昆虫，在农家实在是一种有益的昆虫。若能够采集卵块，藏着过冬，到春季放在害虫多的地方，一定有极好的效果。

三 狩猎

螳螂有着优美的姿态，漂亮的装饰，浅绿色围裙似的长翅，自由旋转的头，可是，在这非常平和的外观下，隐藏着残忍的习性，祈祷似的缩在胸前的臂，就是“杀人”的凶器。

前肢的腿节，比较长，像细长的纺锤，上面的前半截，有两排锐利的针，里边这排是十二个针，黑而长的和绿而短的相间列着。为什么要长短相间呢？这样才能增加齿轮的锋利。外面这排颇简单，只有四个针。

胫和腿的关节，是活动的关键。胫上面也密生着两行比腿上的更细小的大量的针。胫端有和最好的缝针相似的锐利的钩，是下面有沟的双刀钩。

螳螂在平时好像没有什么攻击力，两臂缩在胸前，真像一个祈祷者。若有什么可吃的虫类经过它的面前，祈祷的姿势立刻改变。三部工具，赶忙展开，将末端的挠钩，远远投去。挠钩刺着了，便向后拉，将捕获物拖到两条锯子的面前。前腕一动，两锯就闭合了，不论蝗虫、螽斯等比较强大的虫，一到挟在四行针的齿轮中间，什么本领也施展不出而死了。现在把螳螂捕蝗的情形来介绍一下。

螳螂一看到灰色大蝗虫，便作痉挛似的跳跃，忽然摆出可怕的姿势：张开翅膀，斜斜伸向两侧，后翅满满张着，恰像装在背下尻上的两张对称帆，尾端剧烈地上下动摇呼呼发声，简直像吐绶鸡张尾时的吐气声一样。

后面的四肢，将身躯高高抬起，全身几乎直立了。作攻击用的前足，缩在胸前，两肘向左右张开，和前胸恰成一十字形，而用几行珍珠和白心黑斑装饰着的腋下，也显露出来了。这斑纹真像孔雀尾上的眼状斑，是威武和狰狞的点缀品，所以除战争时外，平时是秘藏着的。

螳螂摆出了这种奇异姿势，一动不动，眼睛注视蝗虫，头跟着对方的移动而转旋，摆这姿势的目的无非要使对方把自己当作一种凶猛的猎兽，惊惶骇怖，全身麻痹得不能动弹。

这目的达到了吗？蝗虫的长脸上，究竟起了什么变化呢？它们铁一般的面具上，我们原看不出有某种感情表现，但受了威吓的它，知道危险已迫在眉睫。怪物立在自己面前，举起挠钩想打倒自己，这是看见的。也许连自己离死不远也感觉得到吧！即使时间上来得及，会得走的它，长着粗腿会得跳的它，生着长翅会得飞的它，也绝不逃走。它就昏迷般静伏在那里，或者竟慢慢地走到螳螂身边去。

小鸟在张开鲜红色大口的蛇的面前，惊恐得神经麻痹，更因蛇的眼光照射而昏迷，站在那里发呆，全不想飞走，结果被蛇衔住了。蝗虫也差不多遭遇同样情形。当它昏迷时，螳螂的两把挠钩，就远远地投去，爪刺进去了，两行锯合住了。不用说也有可怜的抵抗：它的大颚向空中咬，它的腿向空中弹，但总不能从两行锯中间挣扎出来。螳螂就收叠了军旗似的翅，恢复平常姿态而休息了。

螳螂攻击危险性少的捣米虫和蝉时，虽也摆出怪异的姿势，但没有像对付蝗虫时的威风凛凛，时间也短，有时竟不摆姿势，只轻轻地将挠钩投去，就立刻带了回来。

它捉了俘虏，一定从后头先吃起。不论哪种昆虫，若这后头的小脑部分被它一咬，便毫不挣扎地死了。

四　同类相残的惨剧

共同生活，原是带着危险性的。槽中的刍草少了，驴马，那和平的驴马，也要互相争闹。但螳螂的同类相残，倒不是为了粮食。

当雌螳螂的腹部膨大，卵巢已形成了念珠似的连串的卵，结婚和产卵，快要到临时，即使并没有一只可作竞争目标的雄螳螂存在，一种嫉妒的愤怒，无端地在心中燃烧，因卵巢分泌激素的作用，引起了同类相残的狂暴性。威胁、捕获、开肉食的宴会，一切都起来了。怪物似的姿势、拍翅的声响、伸着挠钩，空中乱舞，这些又再表现出来了。示威的姿态，完全和对付灰色大蝗虫时一样。

偶然相遇的两只，突然取战斗态度：头频频向左右旋动，互相撩拨，互相睨视，用下腹部擦翅，“乓——乓——”发声，通知要袭击了。一只挠钩，骤然展伸出来，攀住了对方，同时，全身也突然改取了拉扯的姿势。自然敌人也起来反攻。这种击剑姿势，恰和两只猫互相搔抓一般。胖胖的肚子上出血了，有时即使没有什么伤痕，一只已自认败北而退。胜利者也收叠了战旗，一面提防战斗再开，一面去捉蝗虫了。

可是结果更悲惨的，也是常常有的。这时，真是恶争苦斗，掠夺用的前足，在空中乱舞。胜负既分，胜利的就把失败的挟在两刀锯中间，立刻从项颈直咬下去了。这不快的宴饮，完全和咬蝗虫时同样，静静地进行——即使横在食案上的是自己的姊妹，也毫不在意地吃去。周围的同伴，一有机会，也要同样地对付自己，所以大家不会提出什么抗议。

连虎狼都不食同类，螳螂却毫无顾忌，即使自己周围有许多美味的螽斯，也要拿自己同伴来开宴会。

五　轧拉轧拉吃丈夫

螳螂的生活中，最有意思的就是性的行动。大概到了8月底，雄虫就通过飞翔，或步行，来找寻雌虫交尾了。一看到雌虫，赶忙走近去，挺起了胸脯，竖直了项颈，静静地望着对方。雌虫毫不关心地一动不动。雄虫又向左右张开翅膀，“擦擦”鼓动，好像想使雌者知道自己在这里似的。这里我还须补添几句：雄螳螂的翅很发达，有许多比腹部更长，雌螳螂的翅，没有雄虫发达，而且腹部肥满，很多不能飞。

不知怎样一来，雄虫已看到了恋人许婚的表示，更走近去，再张开翅膀，痉挛地拍动。可怜的他，已攀登在肥满的她的背上，而且慌忙用前足抓住雌虫前胸，来保持身躯的安定，尾端向雌的尾端弯曲，生殖器密贴接合了。普通为预备动作所费时间颇长，可是真正交尾也要好久才完毕，有时竟达五六个小时。

当雄虫紧紧地抱着雌虫而行交尾时，头部就不知不觉地凑近雌的头部。这时，雌虫将他从头上起，一直吃下去，也是常有的事。

法布尔曾有一只已受精的雌螳螂，在饲育笼里吃了七只雄螳螂的记载。我们如把几对雌雄螳螂关在一笼，在它们交尾时，雌的就趁雄的在愉快地抱着时，不管头颈，除生殖器外，全吃个精光。

这种要吃丈夫的残忍天性，除雌蜘蛛和雌蝎之外，是再也找不到的。法布尔以为这也许是古生时代遗留下来的劣根性。为什么呢？最古时代的螳螂就出现于地球上，但现在还和在大羊齿林中徘徊的祖先一样，是不完全变态的昆虫，不像蝶、蜂、蝇、甲虫那样行完全变态的幼稚昆虫。那时动物的行动，绝不是温和的，为繁衍子孙的热情所动，什么都做牺牲，终于连自己的丈夫和同胞都要吃，而螳螂就继承了古代遗下来的残酷的恋爱行为。

若照昆虫生理事来解释，那么，雌虫这种行动，完全是从摄食本能而来的捕食反射运动。这时她并不曾意识到对方是自己同类中的雄虫，你若拿一个雌螳螂的头靠近，她也同样地咬。即使像蚱蜢、蝗虫、蜻蜓等非其族类的虫，也同样地吃。说不到什么残忍不残忍。

六　头被咬下还继续交尾

雄螳螂紧紧地抱住了雌螳螂，专心一意地在完成它神圣的任务时，这不幸者，失去了头，失去了颈，终究失去了身躯。可是只教后胸节还剩着，这无头的爱人，依旧紧抱着继续交尾。

胸部是长着足的，若失去了足，便不能把腹部保持在适于交尾的位置，所以只需第三对足的后胸节，和这节的神经节还留着，仍能交尾，仍能使雌虫受精。有些人竟这样想：螳螂交尾行动的中枢，也许就是这节神经球吧！这暂且搁着，讲下去会得明白。

那么雄螳螂究竟有什么特别构造，头被咬下还能继续交尾呢？我们还须撇开臆说，根据实验来研究一下。

不单是螳螂，一切的昆虫，若使它感到苦闷时——如将头摘住、捻转或扯下，有环节的腹部，便向左右乱摆。雀蜂、蜜蜂等，即使割下了头，还伸着腹部，频频将有毒的螫剑乱刺，好像要螫人，这螫剑便是产卵管变成的。雄螳螂头被咬下，还要起似乎交尾的行动，这也和上面说的昆虫同样，是苦闷的表现，不能看作以交尾为目的的行动。

由这种行动所产生的结果，就是尾端和他物接触。这接触，使雄生殖器起反射的突出。若碰着雌生殖器，便有最适当的反射运动，两性生殖器连接着了。这反射运动的中枢，是在腹部的末端神经节。交尾作用一起，内部生殖器官像射精管等，各个受腹部神经节的指挥，一齐发挥机能。头部的存在与否，原来没有什么关系。

所以，当后胸节也被咬去，拥抱着的足已落下，光光的肚子，滚了下来时，你若拾起这腹部，适当地将生殖器部和雌的相接，那么仍旧起交尾的反射运动，而互相接合了。

这种行动，除螳螂外，别种昆虫也有。比如谁都知道的蚕蛾，雄蚕蛾头部被切去了，还能起交尾似的行动。这种行动，因为是腹部神经节的接触反射运动，所以对方倒并不一定要是雌蛾。有时，若用人的指头，去碰一碰断头雄蛾的腹侧，腹部也会弯曲，清楚地表示想交尾的行动。即使切去胸部，只留腹部，也仍旧起接触反射运动，和螳螂同样。

像上面所说，接触反射和交尾行动相连接着的，除螳螂和蚕蛾外，还有许多，这里省略了。

七　桑螵蛸

我们在向阳的地方，常见灌木的小枝上，从草的枯茎间，以及石块、木材、碎瓦片上面，有荔枝般大，黄褐色的半椭圆块，黏附在上面。这就是螳螂的卵箱，俗呼桑螵蛸（piāo xiāo），可以充当药用。

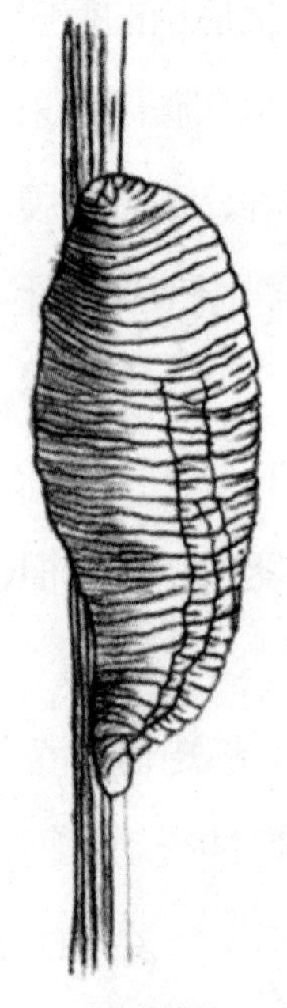
桑螵蛸

这种桑螵蛸，如果到火上去一烧，便放散一种烧丝般的焦臭，它实际是和丝相似的物质造成的，延长了便成丝。

桑螵蛸呈半椭圆形，一端圆钝，一端尖细，有时还装着一个短短的柄。表面，是颇整齐的凸面，还有三条分明的纵带。比较稍稍狭细的中央带，由两行对列的薄片构成，恰像屋瓦般重叠着。这薄片的一端，非常活动，有成平行的二行半开的裂口，里面孵化的幼虫，可以从这里出来，所以有人将其叫作“脱出带”。

此外便是多数家族的摇篮，有不能逃越的壁障隔着。在侧面的两条带，几乎占了半椭圆的大部分。上面有多数细横条，是藏着卵块的各房的标识。

把桑螵蛸横切断来看：卵集成了非常坚硬的长粒，侧面是恰像凝固的泡沫般的厚壳遮盖着，上面有弯弯曲曲的薄板，绵密地塞着。

卵的头部向着脱出带，集成弧形的层。分娩时候，卵子大概是从长粒的延长部，相合的两薄片间的空隙滑下去的。这样狭隘的地方，那么，幼虫怎样出来呢？不慌，立刻能从奇妙的装置中寻得通路吧！终究达到了中央带，那边，在鳞状甲下，为各层卵，开着两行出口，一半幼虫从左出口出去，一半从右出口出去。

不看到实物，原是有点难懂。把这桑螵蛸的细部，大体说下，枣核形的卵块（长粒），一层一层排列在巢轴上，外面用凝固的泡沫般的保护壳盖住，上方中央的一线，构造上又特别些，用小小的薄片并列着。这薄片的活动的末端，在外部造成脱出带。所以，中央线有两行鳞形的出口和一条狭沟。

桑螵蛸的形态，又因螳螂的种类，而略有不同。像普通螳螂产的，下垂似的附着在树枝上，外壳极硬，呈灰褐色。薄翅大刀螳产的，不是十分大，多附在树皮或竹枝上成稍稍不正的圆形，实质柔软，恰像海绵。大肚螳螂是产在树木的枝干上，稍呈椭圆形，褐色，中央有一条灰白色的纵线，质地坚硬。小螳螂多产在草根墙脚，和普通螳螂的很相像，只略略小些。

卵在6月里孵化，一枚桑螵蛸，有一百以上幼虫，从里面出来。

八 产卵

螳螂卵箱的构造，既是这样复杂，那么再将它创造的经过来研究一下，总也不是徒劳的吧！

造卵箱的大部分材料，是从尾端许多圆筒形的管中出来的。这些管分成两大群，每群有二十多条，里面充满着无色的黏稠的流动体。

通常黏液断续地分泌时，下腹部末端的两个横张着的阔瓣，便不断地、迅速地搅拌搔抓，使黏液一流出就变成泡沫。这和我们敲打蛋白，使其生泡沫的情形一样。泡沫中自然大部分是空气，但这些并不是螳螂排出的，因为体积要比螳螂肚子的容积更大。

这泡沫是灰色略带白色，稍有黏性，和肥皂泡很相像。当它分泌时，用麦葶（tíng）去碰，容易黏着，过两分钟光景，就凝固，不会黏在麦葶上了，再过一会儿，就十分坚硬。

尾端，一边将两瓣迅速地一开一闭，一边又像钟摆似的左右摆动，由于这种摆动，内部造成了卵室，外部显现了横纹。尾端每摆到急激的弧点时，便更向泡沫中一沉，好像把什么东西埋进去似的，这不用疑，是在放卵。

新造成的卵箱上的脱出带，洁白无光，用石灰质般而有细气孔的物质涂着，与灰白色的其他部分，恰是一个很好的对照。这白漆易碎难落。若把它搔去，便能清楚地看出脱出带上有两行尖端活动的薄片。这些薄片，常因风吹雨打，一片一片，一块一块落下，所以旧的巢箱上，连痕迹都没有。

那么两列的薄片、沟及被它们遮盖着的出口，究竟是怎样造成的呢？这连大昆虫学家法布尔都无法推想，只好暂搁一边，让诸位亲自去观察。

真是个奇妙的机械工程啊！要把中心粒的角质、保护用的泡沫，中央线上的白漆、卵、受胎液等，整齐而迅速地排出，同时，造成重重叠叠的薄板、鳞形地排列着的壳，内部交错的沟。连我们人类也要茫然无从着手吧！但螳螂从不回头看一看后方的建筑物，也不用足帮助一下，只凭着尾端做去。这与其说是奇妙的本能的工作，倒不如说是有规定的工具和有组织的纯粹机械的工程，来得确切。

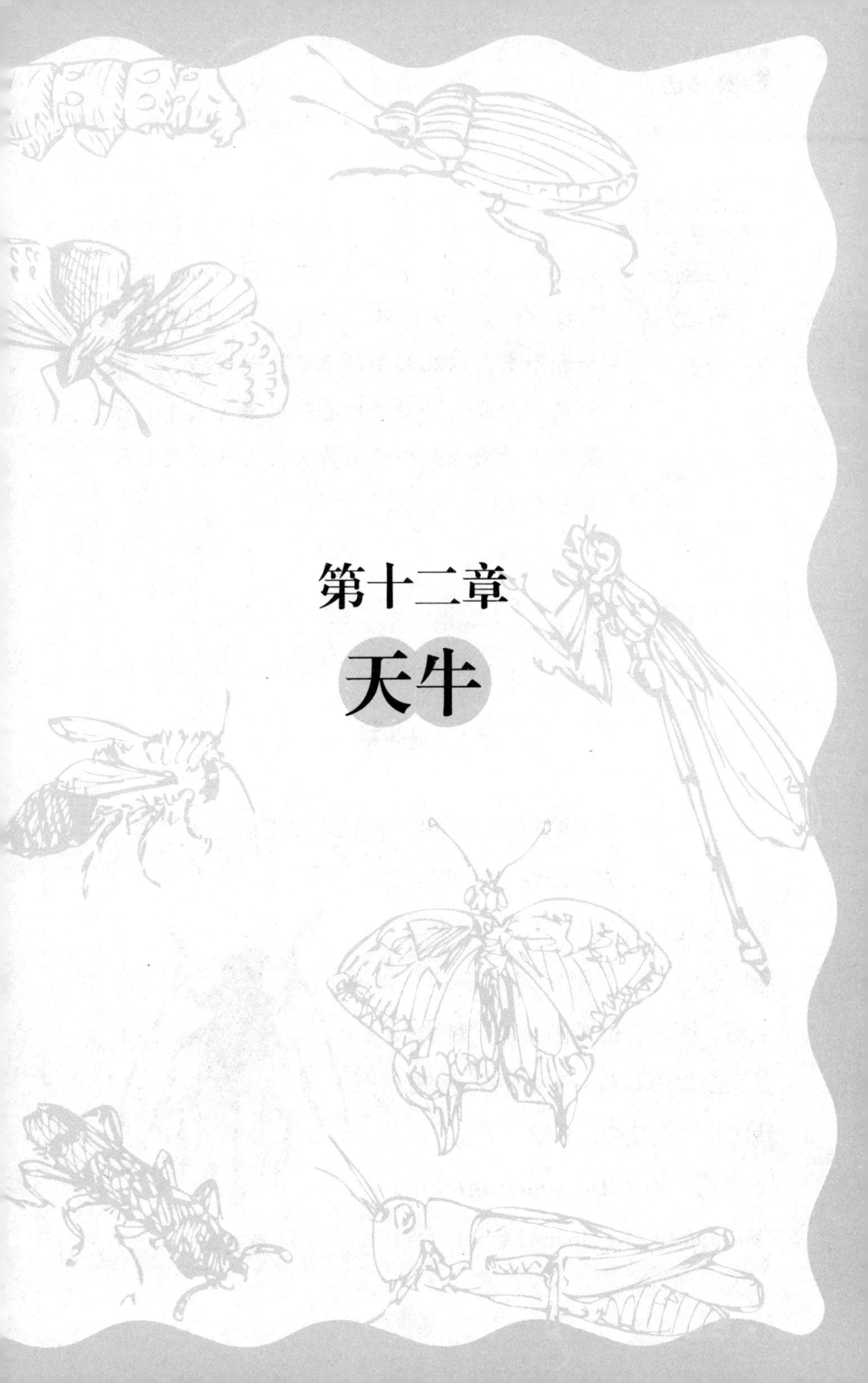

第十二章

天牛

轻松导读

天牛头上长着两只长长的触角，能摩擦头部和前胸部发出“叽咯叽咯”的锯木声，所以被称为“锯树郎”。本节介绍了天牛的种类和形态，以及天牛幼虫的成长过程，还介绍了一种能散发麝香般香气的麝香天牛。你是否也对麝香天牛很好奇呢，下面我们一起来看看吧。

一 种类

天牛头上长着两只长长的触角，和水牛相似，所以得了这样一个名字。因它能摩擦头部和前胸，发出“叽咯叽咯”的锯木声，所以通俗又叫“锯树郎”。日本叫它毛切，因为它能咬断头发。种类极多，全世界共有5000多种。现在把我国常见的几种，介绍一下。

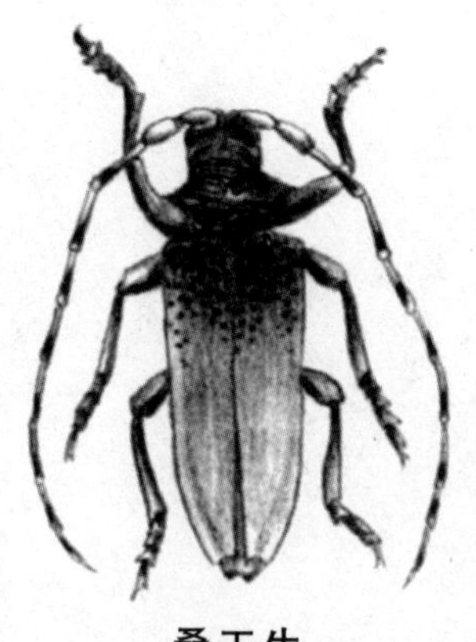
桑天牛

桑天牛（*Apriona rugicollis Ohernolat*）体长36—42毫米。全身

呈灰白色，稍带青或绿，密生黄色的短毛。触角比身子更长，白色，但柄节、梗节及各节的末端，都呈黑色。前胸节的背面，有突起的横纹，两侧面有锐利的齿。鞘翅的基部，有许多小黑点散布着。幼虫寄生在桑、橘、无花果等树干里。

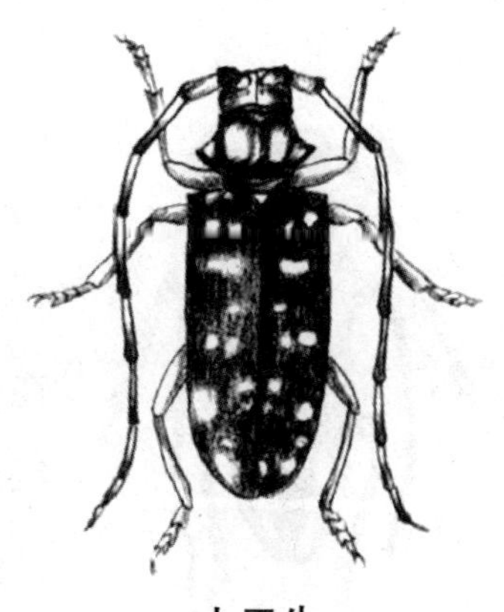
山天牛

山天牛（*Mallambyx radedei Blessig*）体长45—57毫米，是比较大型的种类。全身黑褐色，有淡黄色的短毛。头向前面突出，触角也颇粗大。前胸背板，略成圆形，有横向的皱纹。鞘翅平滑，具有微细的斑点。各腹节的后缘，呈黄褐色。它是七八月里出现的普通种。幼虫寄生在栗等壳斗科植物的材部。

锯天牛（*Prionus insularis Motschulsky*）体长24—40毫米。除体的下面和触角现黄褐色外，虫体均为有光泽的黑褐色。头向前方突出，眼睛很大，触角长，呈两锯齿状，最后三节最长。前胸的两侧，有锯齿状的突起。鞘翅粗糙，有大的纵沟和皱痕。脚颇粗，也呈黄褐色。幼虫吃榆树等枯木。人去碰它时，它就摩擦胸部，发出尖锐的“叽叽”声。这是北方常见的普通种。

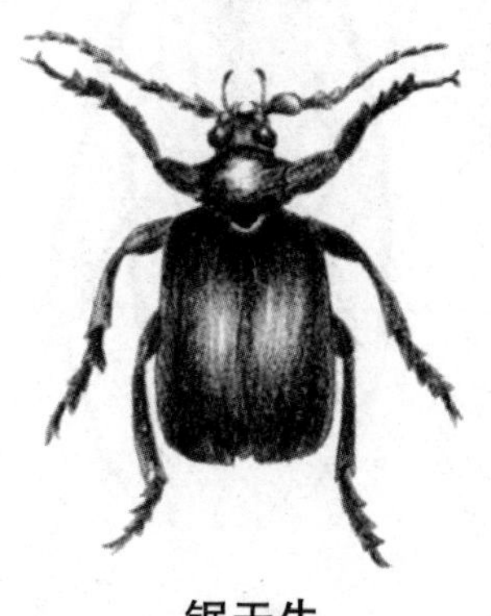
锯天牛

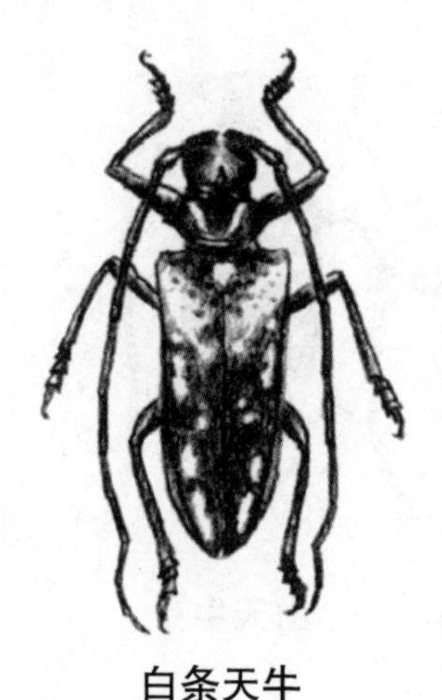
白条天牛

白条天牛（*Batocera lineolata Chevrolat*）体长和山天牛相近，也是大型种。体呈灰色和暗灰色。触角比体更长，略带暗色。在头部两侧的一条纹、在前胸背板中央的两条粗纹、两侧的粗纵纹、棱状部、鞘翅上不规则的斑纹和各腹节两侧的斑点等部位是白色。前胸的两侧，有大形的锐棘，鞘翅基部有许多颗粒突起。幼虫也寄生在壳斗科植物的枝干内。分布在我国南方。

星天牛（*Melanauster chinensis Farster*）体长24—33毫米，是大型种。体呈有光泽的黑色，但下面及足上，密生着稍带蓝色的灰白毛。触角比身子更长，各节的基部呈带蓝的灰白色。前胸背板的中央，有一个瘤状突起，两侧还有粗大的棘状突起。大型鞘翅的基部，有许多大刻点，翅面散布着不规则的十五六个白点，幼虫蠹入桑、无花果、橘、柳等材部，是一种遍布我国南北的有名害虫。

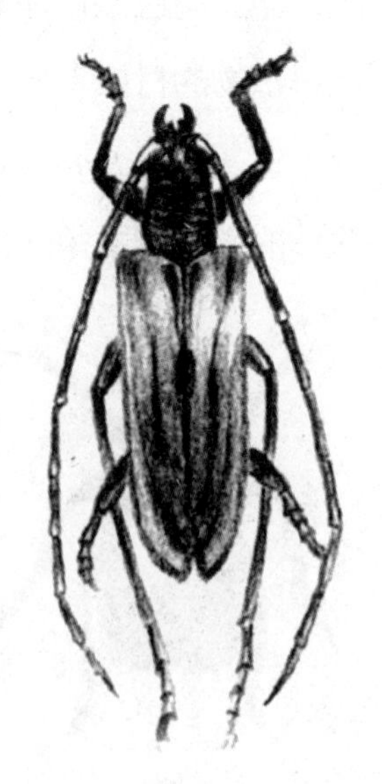
星天牛

黑天牛（*Spondylis buprestoides*）体长约20毫米，呈黑色，背部有光，体下暗色，大腮和前胸，形状很大。鞘翅上刻点很多。触角很短。一看好像吉丁虫，所以又称拟吉丁虫。幼虫吃松、柏等朽木。除我国外，西伯利亚、欧洲也都有分布。

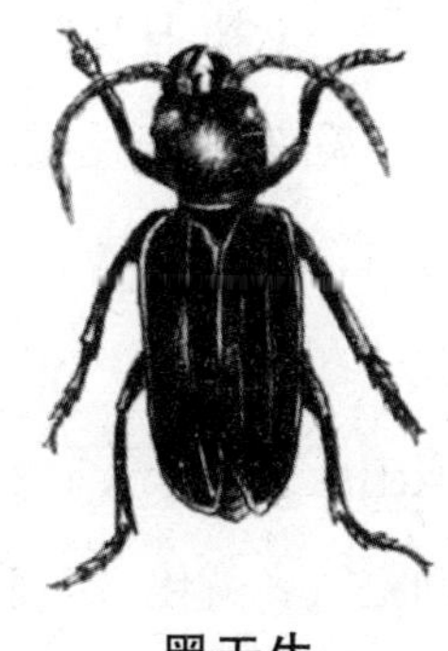
黑天牛

此外还有颜色美丽的红天牛（*Sternophistes temminckii*）、绿天牛（*Leontrum viride*）、专吃葡萄的葡萄虎天牛（*Xylotrechus pyrrhoderus*）等，不备述，还有一种能散发芳香的麝香天牛，待下面再细说。

二　散发芳香

麝香天牛，分布在日本的东北部，以及德国。我国有没有这种天牛分布，除等待爱好昆虫的读者证明外，寄身异邦的著者，实在无法悬揣。

这种天牛，全身绿色，前胸部呈红色，所以很容易辨认。幼虫常常寄生在柳树干内。因为它能散发一种浓烈而快适的麝香般的香气，所以叫作麝香天牛。

夏天，常见麝香天牛，前方摇着长长的触角，在柳树的枝干，上下走动，但到了雨天和寒冷的时候，它便躲向叶间，或潜居朽木洞中，不大肯出来。它有时吸食锹形虫等替它开掘的甘泉——从树干内渗出的液汁，有时多数集在一块儿，追求恋爱。

据兹拉培儿氏所记：德国北部地方的人，常将这种天牛的香气，移到烟草上。方法很简单：先捉几只麝香天牛，同烟草一起放在盒子里，经过一段时间，估计香气已经吸收了，便将天牛取出。麝香腺天口在后胸片的后转节基部。这腺的分泌液，一碰到空气，就化气而散发芳香。

甲虫，妇女们多为害怕和嫌恶的，何况这种天牛还会“叽叽”地发声呢！不过因为爱它的香气，多去捉来包在手帕里，或戴着手套玩弄，使手帕、手套都染着香气。

三 幼虫

恋爱生活告终，卵子成熟，雌天牛便咬破树皮，在里面产下一个卵，再将原来的树皮盖上。不久，孵化的幼虫，便吃了这韧皮层，再逐渐向木质部取食。

幼虫的形态，的确要比成虫奇妙得多。你看！正像一段会爬的肠。它们有三年光景，在树干中度寂寞的黑暗生活，所以我们在秋季劈开柳、栗等树根头来看，常能遇到老幼两种：老的同指头这般粗，幼的比铅笔杆还细，有时还能看到多少带颜色的蛹和肚子饱胀等着天暖就要出来的成虫。这长长的三年，是将木屑作为粮食开关道路而消磨的。它用木匠的圆凿般锋利边缘、中央低洼、黑色的、短而结实的大腮，从正对面开过隧道去，一面把落下来的锯屑碎片，一一吞进嘴里，当通过肠胃的时候，榨出仅有的一些养分，堆到尾后。前端一段一段进去时，尾部便一段一段地塞住。凡是在树里求食宿而填孔的虫类，都是这样做法的。

天牛的幼虫，当运用两把圆凿时，常将全部精力，集中在身体的前部，所以头胸肥大，腹部细长，变成棒槌形了。它口边有颇坚牢的漆黑色的角质，将圆凿坚固地束定。可是，除工具和头盖外，它的皮肤，如绸缎一样细滑，呈象牙白色。看了它胖胖的身躯，谁也想不到它所吃的竟是些缺乏滋养的木屑。实际上，它除日夜不歇地咬啮之外，什么工作都不做，但通过肠胃的木屑

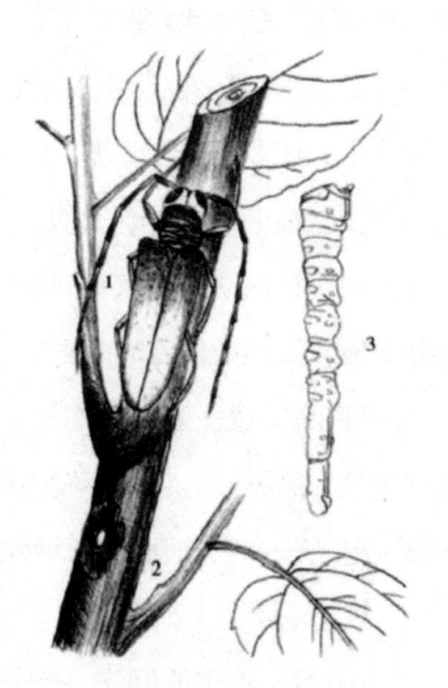

桑天牛的生活史

1. 成虫；2. 卵；3. 幼虫。

的量，也颇可观，所以积少成多，养分不会缺少的。

肢由腿、胫、跗三部分连接而成。起初是粒状，最后成针状，这些都是退化后下着的痕迹，不能用来步行。

腹部的前七环节，上下两面，各有细的突起。这些可随幼虫的意思，或胀而突出，或窄而收缩，叫作步带。再仔细说来，当前进时，前部的步带一缩，同时后部的步带便胀突。于是后部贴在狭窄的隧道壁上，将全身支住，前部因步带收缩而减小直径，可以向前滑去，完成了半步。但后部也不能不前进，因此，前部的步带又膨胀而支定，同时后部的步带收缩，留出空隙，让环节收缩而前进。天牛的幼虫，就是用腹背两行突起，一胀一缩，在塞得满满的回廊中，轻便地或进或退。

天牛虽有好好的一对眼睛，但幼虫时代，影迹全无，因为在漆黑的厚厚的树干中，还要用什么眼呢！听觉也没有，深深的树层中，是永远的静寂。难道没有声响的地方，还需要听的能力吗？这可以做一种试验：将这幼虫的家纵向剖开，变成可以看它行动的半管，静静地放着。它或是咬啮碰到的回廊，或是将步带上的锚，投在沟的两侧而休息。当它休息时，我们就是敲打铜锣，或用锉“叽哩叽哩”磨锯子，它毫不发生反应，连皮肤都不皱一皱，就是你拿了钉头，在它的回廊旁，沙沙地搔抓，它也仍泰然自若。

它有嗅觉吗？一切都是否定的回答。嗅觉原是帮助搜索食物用的，可是天牛的幼虫不需出去求食物，它的住宅就是食料，当然不用再有嗅觉了。而且在长长的三年间，只吃一种食料，它的味觉，只能辨别木屑的滋味。

不能不再考察一下的，就是它的触觉，在刺针之下，它能和一切生物同样地发生痛苦的颤抖。所以，在幼虫状态中的天牛的感觉，只有幼稚的味觉和触觉。

天牛的幼虫，在感觉器官方面，是这样低劣贫弱，但在先见方面，真叫我们惊叹。它知道未来的成虫，没有在坚硬的木质中开辟道路的能力，所以会冒危险，赌生命来替它准备好。它又知道天牛穿着硬硬的铠甲，不会掉头而走出门去，所以它特意头向着门口，化蛹而入睡。它还知道蛹的肉十分柔软，所以在房间里张起了细纱帐。它也知道在漫长的变态发育中，难保没有恶汉闯入，在门口更制造了一个石灰质的楯。它不单清楚地看到未来，而且适应地准备了。

四　精美的化蛹房

天牛的幼虫，在树干中一会儿升，一会儿降，一会儿向这边弯，一会儿向那方绕，吃了一层又一层，这里有走不尽的路，吃不完的粮，既没有天灾，更没有敌人，如果世间上真有所谓“洞天福地”，那么只有它才在实际享受，可是，三年虽长，不能不离去乐土，投入生存竞争场中的时候，终究到临。

未来的天牛，从树干中孵化，两角高翘的天牛，是否带着同样的工具？能够开辟出来道路吗？这是可以实验的：将一段栗木，对劈为二，里面雕成几个洞，再把化成蛹的天牛，一只一只放进这人工的独身房（这种天牛蛹，在10月里，是很容易在树根头找到的）两段照旧合着，用铁丝牢牢缚定。光阴如箭，腊尽春回，一忽儿已是6月了。这时，树段里便“沙沙”发声，好像天牛要向外出来似的，可是一只也不见出来。过一会儿声音也没有，解开来一看，这些囚徒，全部死亡。洞里留下还不到一撮鼻烟似的锯屑，它们的工作，仅此而已。

那么，天牛不好沿着幼虫开辟的坑道出来吗？这更是万万不可能的：一则，这是很长，很曲折，而且剥蚀下来的东西，坚固地塞着；二则，拿这坑道的直径来讲，从终点回到开发点，不是逐渐小下去吗？幼虫走进木中时，正同一根细细的草蔓，这时已经同指头这般粗了。三年之内，它是不断地以身体作为模型而开掘坑道的。所以以前幼虫走的坑道，现在天牛不能用作出来的路。何况它有张开的触角，长长的足，坚硬的铠甲，在这条狭隘而蜿蜒的回廊中，除拂去填塞的剥蚀物外，还该扩大一些，这终究是无法战胜的困难。所以，天牛的状貌，不论怎样强壮，没有自己出树干的本能，开辟道路的责任，又落在幼虫身上，又落到一截肠的身上了。

那长吻蝇的幼虫，能够用穿孔器，替孱弱的蝇，预先钻通凝灰岩，天牛的幼虫，也肩负着同样的责任。天牛的幼虫，好像由一种我们无法测知的神秘的预感所催促，离去了平和的幽居、难攻的堡寨，向着有可怕的外敌等着的外部进行。它拼着生命，执拗地钻而又钻，啮而又啮，　直摸索到皮下，而且将皮层啮得差不多没有厚度，同透明的窗帏一般。有时，这大胆的虫，简直开一个大窗，这就是天牛的出口。

刚开好了救命窗的幼虫，又稍稍向回廊中倒退，在廊旁开辟一间化蛹房。这里面，有我们不曾看到过的豪奢家具和坚牢门户。这房的式样，像压扁的椭圆体，颇广阔，长80毫米到100毫米，横断面上的纵横两轴，各不相同，水平轴是25毫米乃至30毫米，垂直轴只有15毫米。这样宽阔的房间，当成虫要打开门户时，肢体也可舒展一下。

说到化蛹室的门，这是幼虫为防御外面的危险而造的关，普通的是里外两重：外侧是木屑堆，内侧只一片矿物质洼盖，色同白垩。有时除这两重之外，里面再加一层木屑。房的内壁是细细地刻削过的，木质纤维丝丝分解，如天鹅绒一般。

外出的路开好，独身房里已铺满了天鹅绒，三重门也塞定，勤奋的幼虫，已把一切准备工作都完成了。它丢弃了装在身上的种种工具，脱壳，化成孱弱的蛹而躲在襁褓里，睡在床褥上。它身子很柔软，在狭窄的房间里，也可以掉头，但到了未来的天牛，那是不能了！它穿上角质的铠，全身硬绷绷不能骨碌骨碌打滚，而且，通路若略略曲折一下，它连稍稍将身子弯一弯都不成功。所以，如不愿在箱中闷死，蛹一定要头对着门睡觉，蛹若偶然疏忽一点，头向着里面睡，那么摇篮将变成无法超拔的地狱，天牛到底不免一死。

春季告终，由蛹羽化的天牛，企慕看太阳和光明，决意外出了！横在它面前的是什么？木屑的堆，这些只需搔爬几下，立刻飞散了。此后是石盖，这并没有弄碎的必要，将额顶几顶，用爪搔几搔，就落下了。事实上，我们常常看到，毫无伤痕的整个盖，丢弃在房门口，最后还有一座木屑山。这也和以前同样，很轻易地搔散了。此后便踏上甬道，向大门走去。布在大门口的窗帏，真是一啮便破，非常容易。于是，它舞着长长的触角，在光天化日之下迈步了。

五　一个小小的化学实验

我们若将化蛹房门口的矿物盖，仔细一看，要不知不觉地惊叫起来。这是色若白垩，坚同石灰石，内面光滑，外面有小突起的长椭圆形的球帽，粉浆似的材料，一口一口吐出来，无法修补的外侧，就成许多突起而凝固，内面再加打磨，使变得十分光滑。那么这盖究竟是什么物质构成的呢？它好像石灰石的薄片，虽脆而坚。放入硫酸中，即使不加热，它也溶解而放气泡。溶解很缓慢，小小的一片，也要费几小时。除带黄色的黏黏的物质外，全部溶尽。假如加热，便现黑色，这就是有机质的黏着物，将矿物加上接合剂（*Cement*）而炼合的证据。溶液中若加硫酸盐，便浑浊而生许多白色沉淀物。从这种现象看来，知道盖是碳酸石灰和使石灰质的粉浆坚实用的某种有机质（大概是蛋白质）结合而成的。

那么，石灰质的产生，究竟存在于这虫的哪部器官呢？据我所了解，供给石灰的是胃和乳糜室。无论分泌出来就变成石灰质或是从硫酸盐转化而成，都和食物隔离藏着。它从一切食物中吸收这种物质，一直贮藏到要吐出的时候。

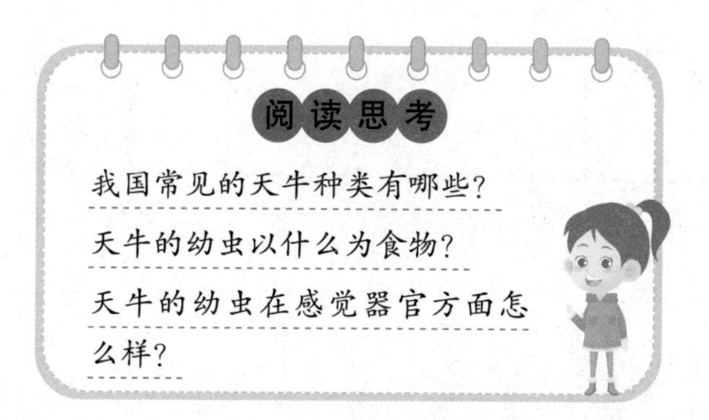

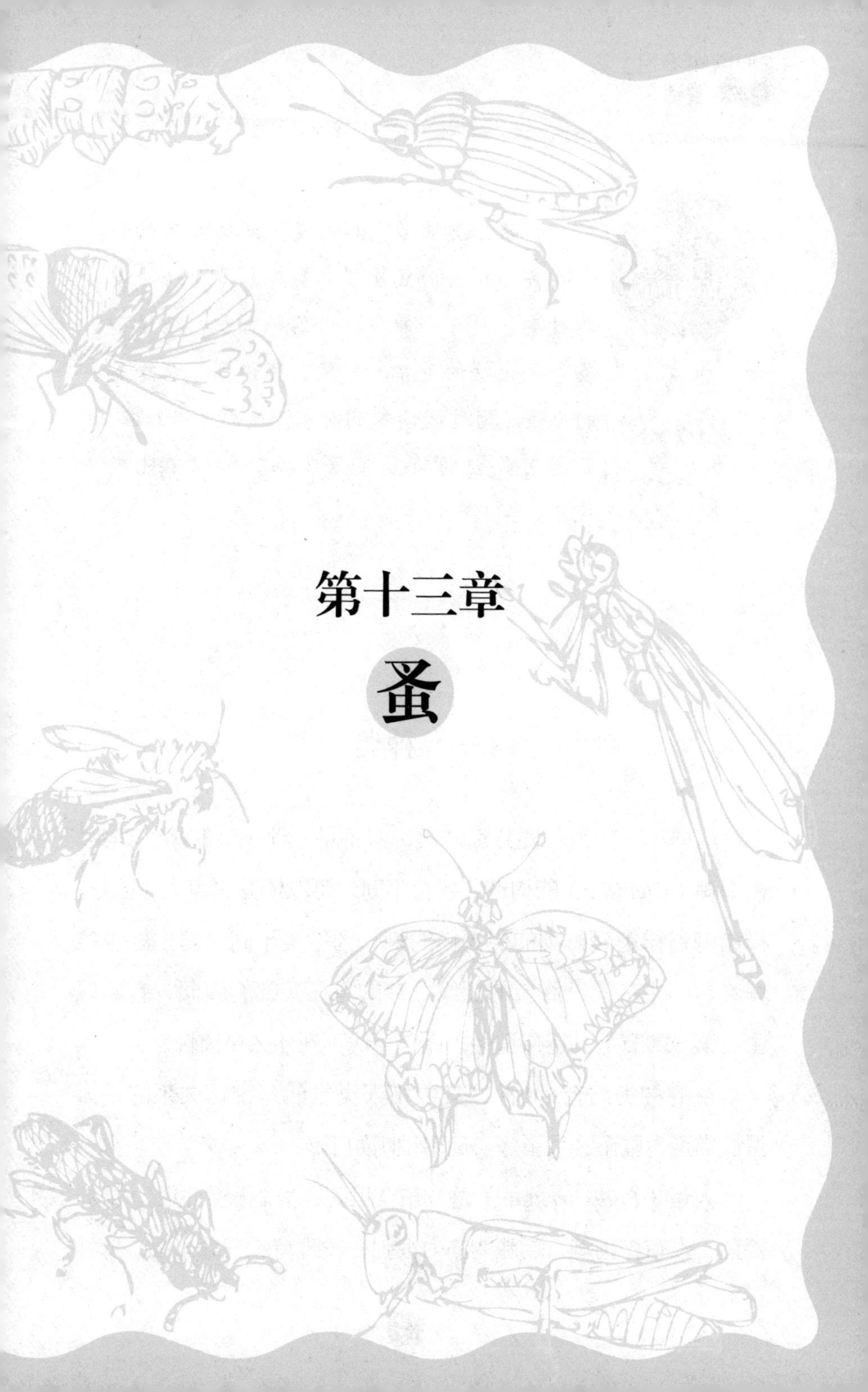

第十三章

蚤

轻松导读

蚤的分类繁多，和人类生活关系密切的是人蚤、猫蚤、鼠蚤、犬蚤。本节介绍了蚤的种类、发育和寿命、口器等知识，还讲了蚤和黑死病的关系，当然，还讲到了驱除蚤的办法。通过阅读本节内容，我们可以知道，蚤也可能会传染鼠疫等疾病，所以不能轻视它。

一 种类

这样小小的蚤，要分别种类，似乎是一件困难的事，其实，栉齿棘（*Clenidia*）的构造，各有不同，可以依据这点大致区分。栉齿棘是栉齿般排列的黑褐色的棘，因种类不同，着生处也各异，有的生在第一胸节的后缘，有的是在头部的腹面，有的只生在第一胸节上，还有几种，竟全身找不到什么栉齿棘。

蚤的种类约有500种，其中和人类生活有密切关系的是人蚤、猫蚤、鼠蚤、犬蚤等。简单说明如下。

人蚤（*Pulex irritans*）是分布全世界，身躯最大的蚤。体赤褐色，没有栉齿棘，后腿的筋力很强，一跳有二三分米高。这种

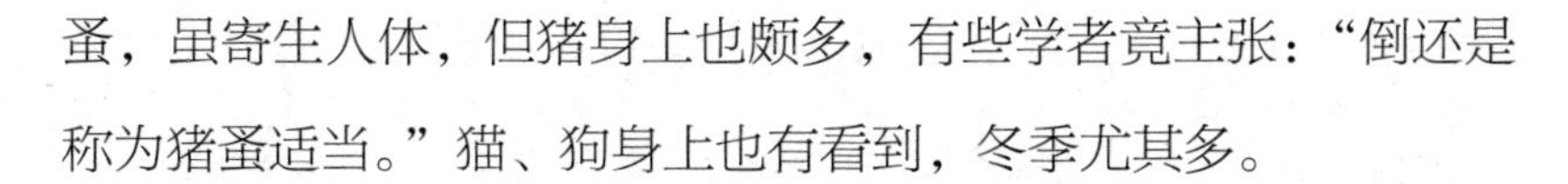

蚤，虽寄生人体，但猪身上也颇多，有些学者竟主张：“倒还是称为猪蚤适当。”猫、狗身上也有看到，冬季尤其多。

鼠蚤中最著名的是印度鼠蚤（*Xenopsylla cheopis Rothchild*）。它们寄生在全世界热带地海港的鼠身上，跟了鼠乘着海船，到停泊处上岸，在鼠疫传播上，要算一个主要角色。为了预防鼠疫，有些港口，设法断绝陆地和船舶间的鼠的交通。这种蚤，和人蚤很相像，也是肥大而无栉状棘，不过第二胸节特别狭些，口器少一部分，头部后缘列生刚毛，中胸侧板是纵裂为二等不同点。

此外，还有亚细亚鼠蚤（*Oernophyllus anisvs Rothchild*），大都分布在我国南部，欧罗巴鼠蚤（*Oertophyllus fasciatus Bose*）分布于欧美两洲，鼠盲蚤（*Cetenopsylla musculi Duges*）眼睛很小，而且没有色素，看去像无目，分布于全世界，寄生的宿主只以鼠为限，即使在找不到宿主而饿得发慌的时候，也不会跳上人身来吸一口血的。

犬蚤（*Ceralopsyllus canis Curtis*）的形状和人蚤相像，不过雌虫的头部尖些，而且第一排栉状棘只有第二排的一半长度。跳跃力没有人蚤强。原产地是欧洲，现在已分布于全世界。猫蚤（*Cteioceph lus felis Bouche*）的形态和习性，都和犬蚤相像，有些学者，竟认为是变种，而不把它们分作两种。但毕竟也有一点小小的差别，就是雌蚤的头部，犬蚤是长度不到高度的两倍，而猫蚤却有两倍。雄蚤的生殖器方面，也有差别。分布区域是热带和温带，所以我国南部，常能看到。宿主的范围颇广，猫犬相互

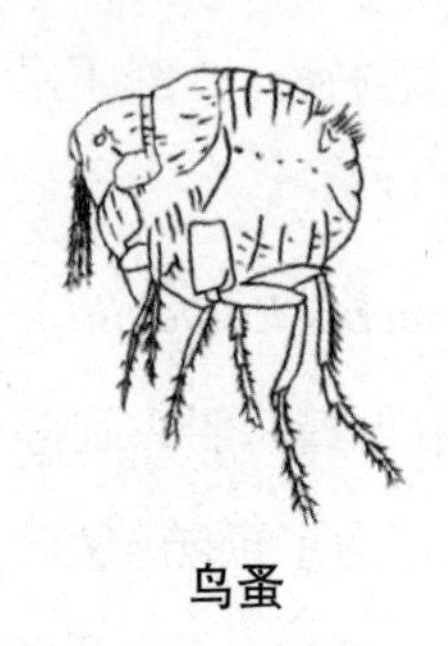
鸟蚤

间不必说，人类、几种野兽，有时还会移到鼠身上去。

鸟蚤（*Ceratopsyllus gallinae*）体现赤褐色，而且长阔相等，稍成圆形。复眼的前面有一根刚毛，后胸侧片上有六根刚毛，但没有栉齿棘。常常钻进鸡冠的皮下，使它生一个瘤。原产是美国，现在已分布于全世界。除鸟类外，有时也寄生于人类、犬、猫、马等身上。

如上面所说，各种蚤的宿主并不限定某一种动物，时常向别种迁移的，那么，在人类、鼠、猫、犬间，各蚤的迁移状况怎样呢？日本小泉丹氏，将观察结果，列成一表，如表所示：

宿主 / 品种	人	鼠	猫	鼹鼠
人蚤	569	0	5	0
印度鼠蚤	1	255	18	239
亚细亚鼠蚤	2	153	6	18
鼠盲蚤	0	135	0	7
犬蚤	6	8	663	1

*表内数字为采集个体单位

表中的鼹鼠，本来不是蚤的寄主，为了试验起见，把它放在室内一昼夜，看集到身上来的哪种蚤最多。照这表中数字所表示，是印度鼠蚤的迁移性最大。

二　发育和寿命

蚤的卵近乎圆形，与其他的比较要算巨大，直径约半毫米，肉眼看得很清楚，白色而有光泽。雌虫常产卵在宿主的身上，再落在地面或卧处，因为卵相当坚硬，表面干燥，不会附着在别种东西上面，但也有几种蚤，自己跳到地面去产卵的。产卵的数目，因种类、营养状况及其他原因而各异。每天产卵数很少，只3枚到18枚，但产卵的时间，一直延长到几星期，所以总计起来，数目也颇大——人蚤产卵有480多枚的记载。

孵化所要的时间，也随种类和环境的长短而不同，快的两天，迟的要到两星期之后。气温对于孵化速度的影响试验结果如下：35摄氏度到37摄氏度，发育受害，或中止；17摄氏度到22摄氏度间要7日到9日；11摄氏度到15摄氏度间，要14日。

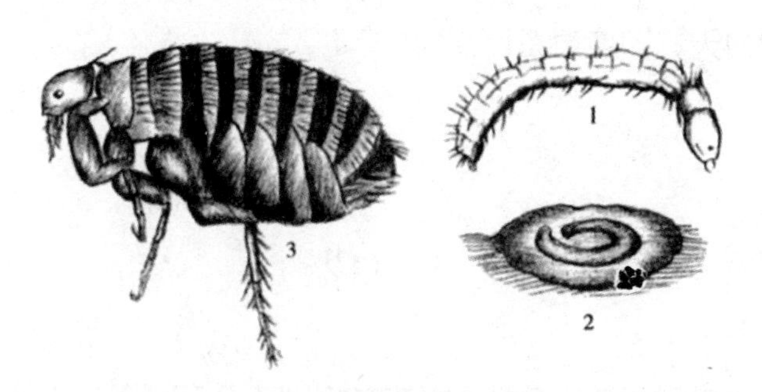

蚤的生活史

1. 幼虫；2. 蛹；3. 成虫。

幼虫有13体节，长约6毫米，呈黄白色，无足无眼，着生许多毛。举动倒很活泼，生活在有动植物质混着的尘埃中。食量并不大，凡动物的排泄物、血液、已发芽的谷类等，都可作它们的粮食。幼虫期间的长短，因温度、湿度和食粮的供给情形，而相差很大，若一切都适顺的话，那么普通是一星期到三星期——否则有延长二十星期的。这期间经过两回脱皮，变成了蛹。

不论哪种蚤，幼虫都要先做茧而化蛹的。蛹圆形，丝质的茧壳外面，常有尘埃泥沙等附着，所以不大看得清楚。蛹的期间也有长短，普通是一星期左右，有时竟到一年或一年以上的。气候越冷，蛹的时期便要延长。

成虫倒和幼虫相反，喜欢湿润和寒冷。若把它们放在干燥的环境中，不给温血动物的血液吃，那么大多数在6天之内就死了。在适当的环境中，寿命也颇长，在湿润的冷处，人蚤可活到125天，欧罗巴鼠蚤活95天，犬蚤活58天，印度鼠蚤活38天，而且若再每天给它吃血，那么人蚤活513天，欧罗巴鼠蚤活106天，犬蚤活234天，印度鼠蚤可活100天。

三 口器

蚤的口器构造是下唇（由第二小腮愈合而成的部分）很短，它的尖端有一对下唇须，左右很接近，而内方都有沟，恰恰形成吻鞘。左右吻鞘中间，有三根针状片，就是一根上咽头唇和一对大腮。第一小腮，变成左右两侧成大三角形的一块小腮片和一根

小腮须。这小腮须生在头部先端，粗粗一看，好像触角，但触角另外有一对，成棍棒状，附在眼后。

蚤吸血的时候，用一根上咽头唇和一对大腮，在皮肤上穿孔，但这三根针状片，又相合而成吸收管。上咽头唇的尖端附近有钩状齿，大腮的外面，也有三四排很发达的钩状齿，这些都是钻孔用的构造下唇须，当吸血的时候，分向左右曲着，不入皮肤，三角形小腮片，对于吸收管的插进拉出，似乎有点帮助。

蚤能够将血液吸入吸收管中的理由，和蚊同样，不过蚤不论雌雄，都能吸血，所以两性间的口器几乎没有什么分别。

照上面说来，好像蚤的口器，并没有什么奇妙的地方，但你若拿到显微镜下一看，不能不惊叹构造的微妙。唯有这种构造，这般装置，它们才能顺利地吸血，所以生物学者加以说明，这等构造装置，是为了适应吸血的习性而发达起来的，这也许是对的。那么它的发达是经过怎么样的过程呢？这种变化是徐徐进行的呢？还是突然而起的呢？惊叹又渐渐变成怀疑了。

四　蚤和百斯笃

百斯笃（*Pest*）又叫黑死病，也有人叫作鼠疫。在古代也有过好几次大流行，最著名而又最悲惨的一次，是欧洲中世纪将终。11世纪中叶，从美索不达米亚地方开始的。后来12世纪、13

世纪十字军东征归去，就带到欧洲，遍地蔓延。14世纪达到最严重，一直延到17世纪终了，一共延续了700年。这时，罹疫死的人，约有2500万，已占当时总人口的四分之一。清朝光绪末年，我国辽宁省一带，也曾发生过严重的百斯笃。

原来百斯笃有三种，分别是腺百斯笃、百斯笃败血症、肺百斯笃。肺百斯笃就是百斯笃肺炎，由咳嗽散布病菌，所以病人陆续发生，流行最猛烈。不过我国和印度地方，肺百斯笃很少，大多数（几乎全部）是腺百斯笃和败血百斯笃。这两种病，都是由鼠间接地传给人们，所以这地方的鼠类间，如其有百斯笃流行，不久，居民间就有病人发生。至于从鼠传到人们的经路，从来以为是由手足上的皮肤破损处侵入，有几处地方甚至发布禁止跣（xiǎn）足令。担任传播病菌责任的，实际是蚤。

研究百斯笃菌和蚤的关系，是在1900年左右开始的。1898年，西门（*Simond*）氏最先认定百斯笃菌是在蚤的胃中繁殖的。1905年，多数研究者，尤其是在印度的百斯笃研究委员会中的人们，确认在鼠类间传播病疫的是蚤，而且断定把病菌再传给人们的，也同样是蚤。此后二十多年，在各地调查研究的结果，使这种主张更加确定。

百斯笃菌，若为别种吸血虫所吸，便在消化管内僵化了。如其是蚤的话，就在那边繁殖，而且连到蚤粪中，都可找出许多保有毒力能够作为感染源的百斯笃菌。

要证明百斯笃菌，是由蚤类传播，还有一个很好的试验：

我们捉一只鼹鼠，关在篮子里，去挂在病房中，离开地面约3分米，使蚤能够跳到。那么不久这鼹鼠也感染百斯笃了。这时离开地面有3分米距离，百斯笃菌不生翅膀，不会飞上去，而且篮子盖着，害病的鼠也无法进去。说是由蚤跳上去传播的，恐怕谁也不会反对吧！传播力的大小，又因蚤在宿主间的迁移性而定。所以上面说过的迁移性最大的印度鼠蚤，最被人们注意。

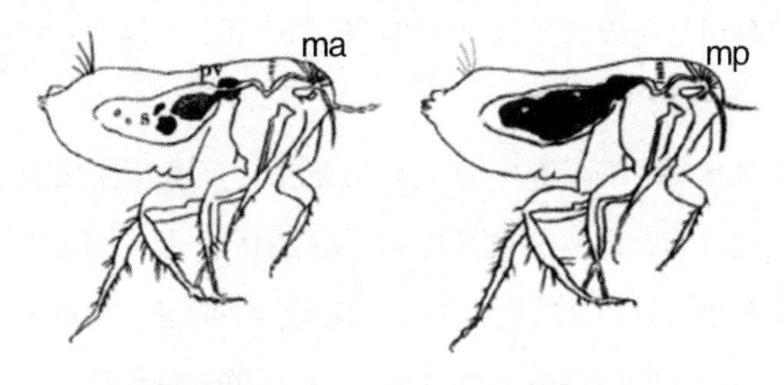

百斯笃菌（黑色部分）在蚤胃中增殖的状态

S：胃；pv：前胃；mp：附着咽头的盘肉。

现在我们再把蚤传播百斯笃菌的途径，来研究一下。有些人也许要这样想：莫非也和蚊子传播疟疾一样，将在唾腺中等候的菌，注入人体！其实完全错误。印度的研究委员会，认定不是在被螫咬时感染的。而粪便中的菌，才是感染根源。因为蚤有一面吸血，一面在宿主身上撒粪的习性。粪便黏在宿主身上，不会落下，而且像上面说过含着有毒的许多病菌，于是，这些病菌就从皮肤的毛孔中侵入。

难道蚤吸血的时候，消化管里的液体，不会倒流注入人体中吗？难道在消化管内繁殖的病菌，不会跟这些液体一同侵入吗？研究者们怀疑了，于是再埋头试验：1914年，英国的培各脱（*Bacot*）和马尔汀氏（*Martin*），对这问题，给予正确的解答。就是百斯笃菌，在蚤的消化管内，繁殖异常迅速，结成凉粉似的块状，几乎将整个胃塞住。于是这蚤越发感到渴燥，拼命地向人和鼠螫刺。可是胃被塞定，吸入的血液，不能进去，反而倒流，从螫口注入人体内，这些逆流的血液，曾和往前胃的百斯笃菌的凝块相接触过，所以有多数百斯笃菌混在里面。不用说，病就因此传染了。

普通传播百斯笃的，多是印度鼠蚤，但潜藏在我国辽宁省并曾蔓延过的，却是由欧洲鼠蚤，从西伯利亚蒙古国（中国清代地名）一带传入。此外有传播百斯笃可能性的蚤，全世界一共20种，所以即使印度鼠蚤不多的地方，也不能十分大意。

五　驱除法

要驱逐蚤，第一要点，不用说，是保持清洁。室内除去蚤的发育场所，以及扫除尘埃，住室和仓库、堆间、畜舍间，隔断蚤的交通，搜除鼠巢。当发生百斯笃的时候，床脚上设备蚤不能攀登的装置，床普通总离地二尺光景，蚤是跳不上去的。

洋式房屋比较容易处理，地面和地板的缝里，全注入萘（*Naphthalene*）的溶液，上面再撒布萘的粉末，再把房间关闭一昼夜，那么蚤类和它们的幼虫，全都死灭。要驱除壁角或地板上的蚤，煤油乳剂是最简便的药品。

煤油乳剂的制法，虽有种种，现在举一例如下：将肥皂和水，采用一比五的比例配制，加热充分溶解，变成一种碱水。再把四倍或六倍的煤油，慢慢地加入，一边不断地搅拌（不用说，这时仍旧放在火炉上的），于是就制成白色乳状的液体。再把它倾入约十倍的水中，搅匀，便可使用了。此外，洋式房屋可以用的，还有熏烟法，这里不再说明。

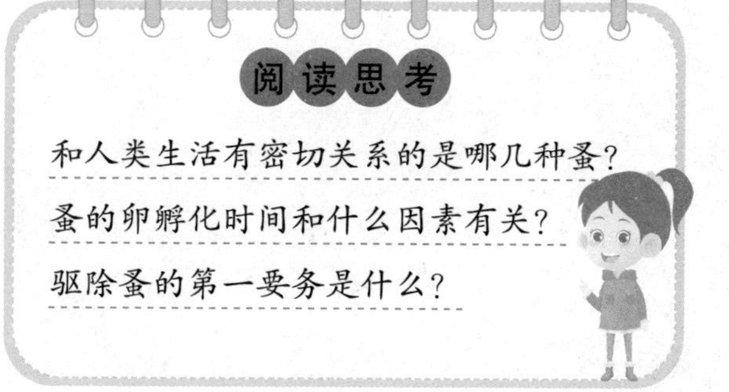

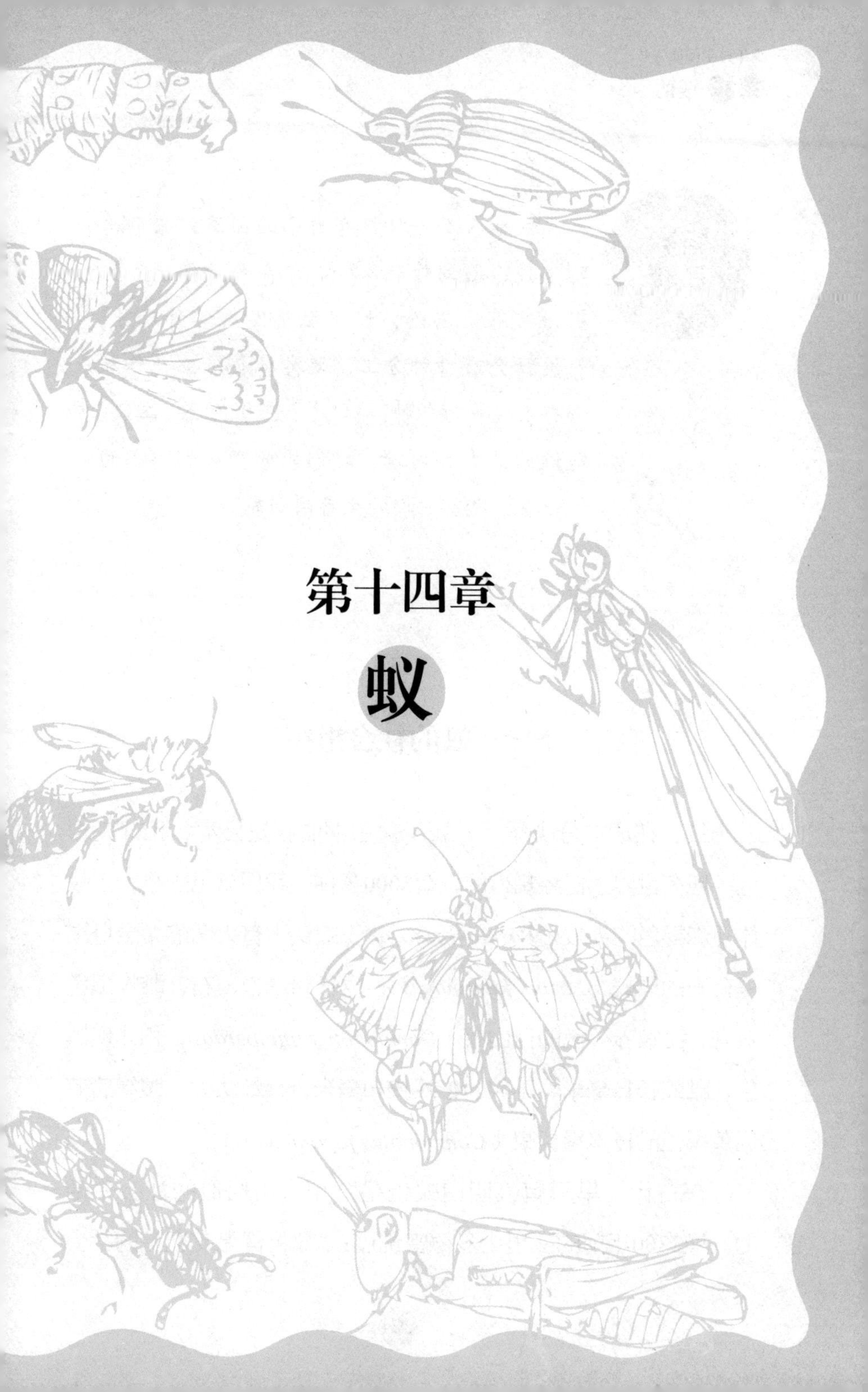

第十四章

蚁

蚁和人类一样，有自己的国家，它们平时工作，遇到外敌入侵，便会舍身保国。人用语言表达思想，蚁用触角发出各种暗号。人类社会有种种分工，蚁类社会根据工作和形态主要分为三种：雌蚁（女王）、雄蚁、工蚁。通过阅读本节内容，我们能够了解到小小的蚁世界，也有它们的生存法则呢。

一　蚁的社会组织

蚁，在动物分类学上，属于昆虫纲的膜翅目类，和蜂类相近。现在世界上已经知道的，有5000多种。我们常见的是，工蚁体现赤褐色的赤蚁（*Formica rufa*）；工蚁头上有大凹陷，全身黑褐有光的黑蚁（*Lasius fuliginosus*）；身长14毫米左右，雌蚁黑色有光，工蚁赤褐色的巨山蚁（*Camponotus ligniperda*），和体现黑色，雌蚁长15毫米，工蚁、雄蚁长10毫米，兵蚁头大，腹缘后节现黄褐色的日本弓背蚁（*Camponotus japonicus*）。

在古代，早早有人明白蚁也是营和人类相似的社会生活的。像2300年前的亚里士多德曾说过："蚁是营无支配者的社会生活的。”所罗门的格言中，有这样一节：“你们这些懒汉，去看看蚁的生活啊！蚁虽没有王侯、酋长、主人，但夏天耕种，秋天收获。”

蚁也和人类一样，住在一定的国家之内，平时孜孜不倦地做各种工作，遇到外敌侵袭，便舍身卫国。人类用言语传达意思，蚁也用触角发出各种暗号，互相关照。人类社会行种种分工，但蚁也有凶猛的掠夺者、杀戮者，也有牧养蚜虫的和平牧人。在人类社会发现的丑恶行为，蚁类社会也并不稀少，像战争、窃盗等，都很流行，而且连畜养奴隶，实行榨取的事情都有。

蚁国和人国，国家形式的根本条件，都以分工的原理作根据的。蚁的社会中，各个个体都有适于做某种工作的特殊构造，一定要大家团结起来，才能生活，所以能够调和一国之内，没有斗争，没有党派，也没有革命，更不需特殊的支配阶级。

蚁的幼虫，和蛆相似，软弱得很，连脚都没有，在未化蛹之前，一切都需母蚁照顾，因此母子之间已形成一种小范围的共同生活。幼虫长成后，再同样养育下一代的幼虫。最初小小的家族，后来逐渐发展成由一母所出的多数子孙团结而成的国家。一代一代下去，小孩多到无数，若再不分工，母蚁都照顾不了。于是，只有一小部分雌蚁，照旧生殖，其余大部分专心养育孩子并做与养育有关的许多事务，不再去恋爱和生殖。这样经过无数世代，这些年轻保姆的生殖器，因继续不用而退化，身体也因适应这种特别生活而发生变化，这就是石女的劳动者——工蚁。这种

雌蚁
雄蚁
工蚁

劳动者的出现，在蚁类社会生活的完成上有重大的意义。

蚁类社会中，含着形态和工作不同的女王、雄蚁、工蚁三种分子——像日本弓背蚁等，还有头大腮强，是专任护巢的兵蚁。工蚁无翅，我们常见它们在巢房旁奔跑，或排队而行。它们专门从事于巢的建造、修缮、孩子的养育、食料的采集、贮藏、巢的守卫等工作，是蚁类社会的中坚。雄蚁和雌蚁都有翅。雌蚁有好几只，普遍叫它女王，其实它们不会发布什么命令，行使什么权力，只努力产卵，并在迁移时哺育孩子。雄蚁非常蠢笨，劳动就不用说了，连同伴和敌人都分不清楚，除生殖时期外，不出巢门，真是一种生殖器械。从外形看来，雌蚁身体最大，工蚁最小，但工蚁的头，要比雄蚁大得多，和雌蚁相差不远。三种蚁的脑髓发达状态和精神活动，以头部的大小为比例，那是毋庸置疑的。

二　蚁巢

蜜蜂和胡蜂，能够用蜡和木浆，制造六角形的巢房，但蚁巢的构造，毫无规律，极不整齐，看了地势、应了天时而千变万化的。造巢的地点，因种类而异，有的在石下，有的在朽木下面，有的在树皮下面，还有些造在地下。

造地下巢时，蚁用大腮挖掘。掘下的泥块，务必运到远方，免得做巢口的标识，易被敌人找到。巢口，有时开在草地上，有时用泥块塞住。地下有坚固的墙壁，平滑的地面，大大小小的房间，曲曲折折的回廊，有的更依靠垂直的隧道，房屋造成好多层（有深达十余尺的），冬季寒冷，便住在深处，夏天燥热，又迁到上层来。

在少石而不易保温的地方，巢口便造起一种稍高的塔，称为蚁塔。是用湿的泥粒和草茎薹（tái）屑等建造而成，也有用松针堆成的。蚁塔都向东南，受朝日的光，以增加巢内的温度。凡是天气炎热的热带地方，便看不到了。

福来尔博士所研究的阿尔香地方的一种蚁巢，有六个巢口，周围都有高高的蚁塔，巢口和巢口的距离，是3米到10米，这些巢口，都有隧道通到地下2米深处。这巢的全面积有20到30平方米。各门口直对下是仓库，这是全巢的仓库。

有些蚁造巢于树上。它们在树皮下造一条隧道，再在树皮上穿一孔，作为进出口。像那种大蚁，原在朽木中造巢，但若活树中有空隙，也会去造巢的。台湾有一种很小的举尾蚁，在树梢造一个球形的马粪纸似的巢，大的，直径有七八分米，粗粗一看，要错认作胡蜂巢。这巢是啮碎树皮，混入自己分泌的唾液而造成的。巢内往往有暗色，带天鹅绒光泽的菌丝，这是蚁嗜好的食物。南洋还有一种裁缝蚁，用孩子吐出来的丝，缝合叶片造巢的。

三 蚁的感觉

蚁类不仅能建造复杂的房屋，组织完密的社会，还能畜养蚁牛，培植菌类，播种谷物，以及役使奴隶，有别的昆虫不能追及的智慧。现在且先把它们各种感觉器官的能力，来调查一下，且看究竟发达到怎样地步。

蚁究竟有没有痛觉，的确还是一个疑问，即使有的，也很微弱。因为它们截去了腹部，还有舔舐蜜汁的食欲。它们究竟有听觉吗？各昆虫学者虽在研究蚁的听觉，存在何处？现在还未明白。

嗅觉的发达，这是已由种种实验证明的。蚁凭了嗅觉，能够辨出物质的形态、硬度、高低、方向，有我们想不到的一种辨认力。我们是用两只眼睛看的，所以也不会想到，除眼睛之外，还有许多看法。蚁看物时，除视觉外，触觉嗅觉也有一定帮助。

蚁的眼睛，也和蜻蜓一样，是由几千只小眼集成的。不过雌蚁和雄蚁的小眼数，要比工蚁多些，因为空中结婚时，眼睛是发现异性的重要器官。

触角，不论哪种昆虫，都是很重要的，尤其在蚁身上有特殊的用处。当两只蚁要传达信息时，就全靠这一对触角。据福来尔博士所记，蚁在触角的打法中，有八种信号：一是传遍全体时的信号，这是从甲到乙这样传过去的；二是获得甘露时的信号；三是指示进路方向时的信号；四是指示食物所在时的信号；五是攻击或遁逃时的信号；六是通告某一定地带发生危险时的信号；七是镇抚骚扰时的信号；八是出征时的信号。

现在现有各种扩声机的发明，若拿去研究蚁的触角打法，也许能发现种种有趣而特别的声音。用这种扩声机听我们心脏的鼓动，宛同雷鸣，那么蚁的触角相击，也许能听出各种不同的音调。这种研究，谁也不曾计划过。不过研究时该用产在热带的大蚁。

蚁怎样定方向呢？关于这个问题，曾进行过种种试验。现在已确认：它们进路的方向，是由太阳的位置指导的，而且好像月光、星光，也用作定方向的。我们试把蚁的队伍搅扰一下，纷乱了一会儿，立刻又恢复原状。它们的队伍，有时长到半里光景。

蚁的社会里还有一种游戏，它们若有某种愉快的事情，便做一种信号，互相用触角巧妙地拂拭。它们有时也贪着午睡，这时，若有什么事情发生，同伴便用触角敲打，催它起来。

蚁是一种有洁癖的昆虫。巢内若有虫粪、食物的残屑，就赶快丢到巢外，它们常常留意着，不要使触角沾染尘埃。它们用掌（跗节）和腕（胫节），摩擦面部，仔细地拂拭触角，揩净口器，还怕惹同居者的厌恶，更把身体从上到下，揩拭清洁，凡是嘴和脚碰不到的地方，就互相擦一擦。我们常在蚁巢附近，看它们这样细细化妆。

四　空中结婚

她必定向没有小鸟打搅的地方飞翔。她再向高飞，于是，从下面追上来的雄群，稀薄了，零落了。弱者、残废者、老者、发育不完全者、营养不良者等，绝望了，在空中消失了。在云霞般无限数中剩下来的，只精力绝伦的小群。她再用尽最后的余力，看吧！以不可思议力而当选的，追着她、捉住她，征服她了。他们用二重翅力支持着，抱合了向上飞翔，在相对的恋爱狂热中，盘旋乱舞。

这是有名的诗人梅特林克描写蚁类空中结婚的美文，词句优美，情景逼真，所以就借来做这节的引子。

当“南风吹、大麦黄”的初夏时节到来，蚁巢中便有许多生着翅膀的蚁孵化出来了。这些翅蚁，就是雌蚁和雄蚁，都比工蚁要大得多，而且有翅，所以一看就能辨别的。雌蚁的头部和腹部，比雄蚁大，也容易区别。刚羽化的翅蚁，翅膀和身子都很软弱，要慢慢硬起来的。

晴朗的午后，广大的蚁塔顶上，或巢旁隙地，有刚从蛹壳脱出的翅蚁，欣欣地挤轧着。从狭窄的户口，窥望艳丽的阳光，你挤我推，终于挤了出来，在塔上户边散步，有的半张着薄绫似的翅，东奔西跑。做保姆的工蚁，弄得手忙脚乱，追赶这般顽皮孩子，捉住脚和触角，拖向巢中。一天复一天，到外面来的散步青年，也渐渐多起来，做保姆的更加觉得号令不行了。

闷热的夏天午后，青年雌雄蚁恋爱的激情，已达到顶点，突然有千百成群的翅蚁，从巢口涌出来。集成黑簇簇的一堆，遮住了巢，遮住了附近，拍着银光的美翅，向树枝草茎飞去。这时候，保姆真是焦急万分，东奔西跑，但要它这等因恋爱而发狂的青年们，再归平静，已经不可能了。

不久，这些青年们向广大无边的天空礼堂飞上去，再在空中集合，开始恋爱的乱舞。婚礼是凡住在这一带地方的雌雄蚁，全体参加，所以在乱舞中的蚁群，真同云霞一般。

空中礼堂，充满了热爱和欢喜，全没有地上的憎恶、敌意。即使在地上是仇敌，这时也同祝一生一度的盛典。

雌蚁在这一天中，和多数雄蚁相交，授得终生不会感到缺乏的多量精子。雌蚁的腹部有一个精子囊，专藏爱人们的精子，直到几年都不坏。雌蚁可以随时按照自己的意思，产生受精卵和不受精卵。

蚁的空中结婚，实在多少有一点优生的意味，因为这时可和别的团体中强健的蚁结婚，而产生生物进化上必要的杂种。就进化程度讲，蚁的确立在虫界的顶点，也许就是空中结婚的缘故。

五 育儿

空中结婚完毕，又降到下界。新郎雄蚁凄清地在地上彷徨，再过两三个小时，最多两三天，便死去了。

新娘雌蚁潜入地中或树皮下，造一间小小的房子，和外界断绝一切交涉，开始过它的隐遁生活。不过这隐遁生活，不是厌世，不是逃罪，是为了养育孩子。从卵孵化的幼虫，到变成虫，要一两个月。这期间，做母亲的雌蚁，绝不外出，也不采集食物，专心保护养育孩子，没有片刻休息。

那么这一两个月的长时期，雌蚁就会绝食，那么养幼虫的食物又要怎么办呢？雌蚁曾在空中飞过的大翅，这时已成无用废物，就将它摆落这上面，有鼓翅用的大筋肉。可怜的母亲，是消耗这筋肉和预先贮藏着的脂肪等，以保全自己的生命和养育孩子。

这样长成的蚁，都是工蚁，而且因为营养不良，身体瘦小。这工蚁立刻在小房间的墙壁上穿一个洞，到外面去运饵养亲。此后，有的走到母蚁身边，将食料喂它；有的建造新屋，扩张巢穴。于是，母蚁恢复健康，精神振作，专门产卵。产下的卵，工蚁立刻搬到新房间里去，一心保育，就是说，此后所生的幼虫，要由做兄姊的蚁养育了。

在红日初升的早晨，将卵、幼虫、蛹搬到近地面的房间，傍晚又搬到下层房间去，降雨时，也搬到下层，以避水患。若突然将盖着的石片朽木拿去，工蚁就大起恐慌，丢下一切，衔了卵、幼虫、蛹去求安全地带。可见它们兄弟姊妹间的感情，并不低于母性爱。

六 搬家

当蚁巢被顽皮孩子掘穿，或有霉类侵入，或造在树干上的巢，被啄木鸟所袭时，蚁就另求安全地点而开始搬家了。

夏日在田园中散步时，常看到蚁的队伍。这种蚁队，大概可分两类，一类是搬运食料回去，另一类是搬家。而搬家时，必定衔着白色的小卵、幼虫、蛹，所以很容易辨别的。

将要搬家时，工蚁先分头在附近奔跑，找寻适于居住的场所。找到后，立刻回去，着手搬运幼虫和蛹等。同伴若不知道新住所在哪里时，由发现者领导去。它们的领导法很有趣，就是衔了去。我们常常看到，领导者用自己的大腮，咬住了被领导者的大腮，倒退一拖，被领导者就翘着腹部，倒挂在领导者的体下。于是，它就衔着，一路向新住所跑去。有几种蚁，搬法恰恰相反，领导者咬住同伴的背脊，同老猫搬小猫一样。

这样被衔来的工蚁们，先将这住所察看一遍，赶忙依着刚才来路，直线地跑回旧巢，搬运幼虫和蛹，或再引导同伴。

工蚁们将新住所准备完成后，要领导女王和雄蚁到这里来。但它们的身体，要比工蚁重几倍，总不能咬住了运。因此，工蚁咬住了女王等的大腮、触角、脚等，一面倒拖，一面使它认识新住所的方向。女王们是这样被引导着而到新住所的。

搬家要两三个小时乃至一昼夜，方才完成。这时，全家协力，有的搬运，有的开掘新隧道，并无什么争执和不平，真是全体一致总动员。

七　武器

谁都知道蚁是好斗的昆虫。它们常常为了蚜虫的甘露，昆虫的尸首，或是地盘，而拼命争斗，所以身上都带着战斗用的各种武器，但也因种类不同，而有各种形式。

脚：蚁脚的敏捷，出乎想象之外。有时其运脚若飞。我们到新加坡、爪哇（爪哇岛，属于印度尼西亚）等地方去旅行，见了那些蚁的活动情形，真是吃惊，你想去捉在路上走的一只大蚁，它的同伴就箭一般飞来，在你手上咬一口，它的行动，快速得让你看不清楚。这等灵敏的脚的动作，就是勇敢的行动、攻击的态度的根基。

大腮：蚁的第二武器是它的大腮。形状千差万别，有适于运搬用的、穿孔用的、切断用的等。有些不仅能咬，还作威吓用，同时又作跳跃用，还有几种蚁，大腮有长短二枚，短的搬运时用，长的供攻击和防御用。像那种农蚁和大头蚁，大腮的构造不仅适于切断种子和猎物，还可咬住敌人或屠杀敌人。大腮锐利的，适于切断树叶，同时可供切碎敌体用。大腮末端有刺的，适于搬运、造巢、咬住大蚁。像爱克顿蚁（*Ecuton*）这样大腮弯曲的，与其说因和别种蚁争斗，倒不如说因攻击哺乳动物而发达的。

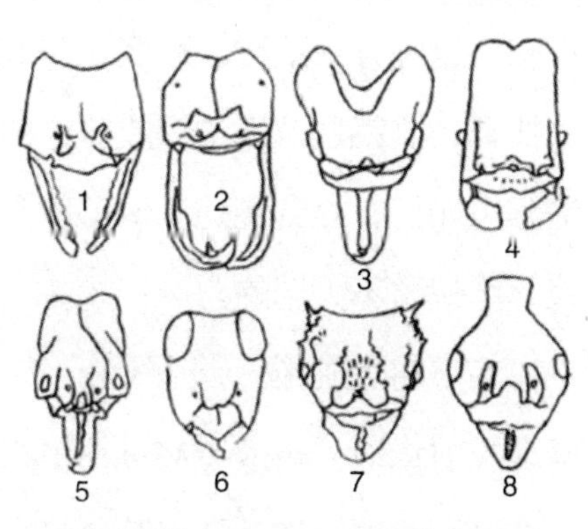

1. 米斯利姆蚁； 2. 爱克顿蚁；
3. 恶司笃马克斯蚁； 4. 农蚁；
5. 另一种恶同笃马克斯蚁；
6. 另一种曲蚁； 7. 割叶蚁；
8. 有齿大腮。

毒刺：蚁有毒刺的也不少。这对于有结缔质体躯的敌人来说，好像毫无用处，可是，像属于福尔米加（*Formica*）蚁亚科的，腹部比较柔软。若遇这等蚁时，用毒刺屠杀，毫不费力。总之，不管身体的哪一部分，只要毒刺刺得进去，一定能将这敌人杀倒。所以有毒刺的蚁，见了敌人，常常举起尾端，作刺螯的准备。

毒液：属于福尔米加蚁亚科的蚁，都没有毒刺，只尾端有毒腺。这腺分泌蚁酸，贮藏在贮液囊里。我们发掘蚁巢，有时臭气扑鼻，这就是蚁酸的缘故。这种蚁酸毒得很，若涂上蚁身，不论分量如何，立刻倒毙。像那种赤蚁，常滥用这毒液，反之巨山蚁、黑蚁是不大用的。

有一种巨山蚁，能举起后肢，对着在某距离内的敌人，正确地发射毒液。香蚁（*Monais*）和二节蚁中，毒腺多退化，另有一种肛门腺很发达，从这腺分泌出来的汁液，有一种香气，而且不久便像树脂般凝固着。将这汁液涂在敌人的触角上，能破坏它的嗅觉机能，仿佛我们放催泪瓦斯，妨碍敌人视觉。香蚁要达到这种目的，腹柄细而灵活，可以向任何方面转旋。因此，腹柄上的鳞状部，并不发达，即使有，也是退化得非常扁薄。

五官：辨认敌蚁和友蚁全仗五官的活动。而五官之内，尤其是嗅觉最能指导蚁的行动。若将蚁的嗅觉的触角切断，那么它什么行动都不中用。触角上有感觉孔、触毛、栓状突起，上面都有神经末梢分布。它们能够战斗的，全靠这发达的嗅觉。

八　同种间的战斗

蚁类的战斗性，常因种类、人口离巢距离而有强弱。像爱夫爱圣司蚁（又称武士蚁），即在千百成群的敌阵中，也毫不畏惧，又像福尔米各克水奴斯蚁（*Formicoxenus*）、米尔美克那蚁

（*Myrmecina*），连保护自身，防御巢穴的战斗能力都没有。蚁巢中人口越增加，蚁类的冒险心、攻击心越炽盛。小蚁刚才造巢时，胆很小，即使塞住了巢，也躲着不敢争斗，蚁离巢渐远，勇气也渐丧失，若在自己巢口，又遇到同伴，立刻胆壮起来。

战斗中也有防御和攻击两种，像拖着坚牢身躯，迅速地逃走，缩着脚装假死，将巢移到远处，用土块等堵塞巢口等，都是弱蚁在防御战争时应用的兵法。至于，巢口设置守卫，用大腮防御，像赤蚁在傍晚用木片闭塞巢口，早晨移开，那更是防患未然的了。

勇敢而嗜斗的蚁，多采用攻击战略。它们巢穴广大，人口众多，战斗的目的是要由破坏的行动，来扩张领土，有时是为了争夺有蚜虫栖息的牧场。

它们的战斗，也和人类社会一样，不能照着预期而成功。有时双雄相遇，旗鼓相当，大家杀得人困马乏时，虽胜负未定，也会突然停战。它的讲和条件，好像是说定将来双方不得再侵略领土。但记忆常要跟着时间的经过而淡下去，于是，第二年再来一次大厮杀。

同种间也好战斗的，是赤蚁类，它们双方的战法，也一模一样，而且常发生在两巢相近的时候。现在把福来尔博士所观察得的，大略记述在下面。

这里有同属于山中赤蚁的甲、乙、丙三巢。甲巢的住民，比乙、丙两巢少。乙巢在甲巢的左方，相离一米，丙巢在甲巢的右方，相离三米。它们都还没有孩子和蛹。早晨八点钟左右，乙蚁向阳取暖，并无异状。甲蚁也开了巢口，到乙蚁这儿来。可是，误走入甲蚁群中的乙蚁，立刻被捕，受毒液的注射，最后被杀死。还不到半点钟，像有什么警钟似的，乙蚁逐渐兴奋起来，有些工蚁，向甲巢门口窥探一下，立刻回来，大概是警诫同伴。一方面，甲巢的蚁，本在和平地负曝，也立刻开始准备，在附近草原上，布起战阵。

起初虽是前锋小接触，但的确像激怒了乙蚁，都有奋身赴战的态度。它们形成密接纵队，开拔到巢的左侧，帮助同伴，捉住敌人拉到阵后去屠杀。这时，甲蚁的战阵也完全布好。从八点半到九点半，阵地不变。甲巢逐渐增添援兵，战斗越发起劲。甲巢蚁虽少，取防御战法，决不退却。

单行的前卫，由三只至七只蚁组成。它们都贴地伏着，努力将敌人向自己阵地拉去。同时，工蚁也弯曲着尾尖，发射毒汁，来拦住敌人的攻击。当战事方酣时，竟有咬住了自己同伴的，将同伴误认作敌人，后来由触角认清是同伴时，方才不发射毒汁而释放。一入混战状况，有种种事故发生，这些都是由认识不足而起。这时，无非是双方被拉到敌阵，被屠杀罢了。小小的工蚁，若碰到兵蚁，吃它大腮一击，立刻头破胸穿。它们逐渐把连锁状的阵，向前移进，为征服乙蚁而奋斗。甲蚁这时，捕获的俘虏虽不多，但留在巢里的蚁群倒很平静，好像不知道外面已起了变故。一过九点半，乙蚁勇敢地反攻，冲破甲蚁的前卫，逼它们退到离巢只半分米光景的地方。这里有枯叶、小枝，可作为堡垒，守住最后的阵线，这时，甲巢中起一种悲哀的动摇，因为敌军已兵临城下。巢边的工蚁，张着大腮，把触角摇几摇，左右前后乱窜，好像它们要弃巢而逃似的。可是，正当这危急万分的当儿，它们的兵蚁，像听到什么警钟似的，从各房涌出来，有决不使祖国领土寸尺让人的气概。它们延长前阵的两翼，对乙蚁进行侧面攻击。乙蚁虽已捉得几百俘虏，但总不能冲开甲蚁的后阵。战事愈酣，领土的一部，已被蚁的连锁队掩住，成混战状态。

到十点三十分左右，在枯叶小枝前面的乙蚁看上去已经支持不住。它们不得已抛弃以前占领的场地，缩短防线而退却了。甲蚁不管乙蚁的反抗，乘胜追击。到十二点左右，甲蚁终究冲到乙蚁的大本营。这时乙蚁起纷乱状态，向周围牧场间东奔西窜地逃走了。换一句话说，甲蚁已征服了乙蚁，战斗已告结束。甲蚁中止追击，这是什么缘故呢？因为丙蚁也在草荫下布好战阵了。

甲蚁乘胜再向丙蚁挑战。丙蚁没有援兵，甲蚁已战得十分疲劳，所以甲蚁只取守势，并不进攻，而丙蚁已开始退却。到下午三点钟左右，它们已有逃避的行动表现出来。这次战斗，终因战士缺乏而草草终结。

两天之后，福来尔博士将一群甲蚁，放在丙蚁临时巢的近旁，使它们去包围。甲蚁就把丙蚁从巢中拖出，杀死大半。这剩下的小群丙蚁，也同乙蚁这样逃避，到某处再筑小巢，在内住居。这里应该注意的是，这种山中赤蚁，常要乘胜追击，对半死半生的敌人都不肯放松。

九 异种间的战斗

东非的风云，一天紧似一天。若一朝开战，剽悍的蛮军，和应用科学利器的军队相周旋，各个表现他们的特殊战法，倒是一场好看的大厮杀咧！也许有这样想的人。蚁类中的战法，也因种类而各异，所以若战斗发生在异种间时，也是五花八门，好看得很。

前节讲过的那种福尔米加属的山中赤蚁，和塞苦尼亚蚁的战斗状态，要算最好看。塞苦尼亚蚁，没有什么前卫等，是采用急激突进攻击法的。当山中赤蚁，集成一团，前进攻击时，塞苦尼亚蚁迟却，回敬一个拿破仑式的侧面攻击。有时以可惊的勇气，冲过后卫，直捣中军，将在左右前后的一齐推倒。可是，这种行动，并不是无规律的，而且对于在混乱中窜逃的敌人，毫无伤害。所以塞苦尼亚蚁的作战法，无非是要搅乱山中赤蚁的密集团体。当塞苦尼亚蚁以不及半数的兵力，顽强攻击时，山中赤蚁，已浪费许多精力和时间，疲惫不堪了。机敏的塞苦尼亚蚁，一看到敌人的弱点和狼狈征相，就乘虚勇敢地袭击。它们能单身冲入敌阵中，以加倍的速度和勇武，左冲右突，将敌人推倒。山中赤蚁因援兵不到，张皇失措，露出无法保护孩子的狼狈相时，塞苦尼亚蚁猛然飞奔过去，抢夺孩子。即使敌人是小小的工蚁，或是单身，山中赤蚁已没有去夺回来的勇气。塞苦尼亚蚁自觉得胜，排齐队伍，带了俘获品，悠然凯旋了。

福来尔博士曾把家蚁的巢，放在离大头蚁巢一分米处。这时，恰像巢中敲过警钟般，几百只大头蚁，涌到敌人面前来。可是，家蚁方面也不示弱，身躯也强健，以压倒之势，杀戮大头蚁，更进逼敌巢。看到大头蚁毫不抵抗地被咬杀，受毒刺。多数大头蚁的兵蚁来了，张着大腮，把头左摇右摆，一面示威，一面进行。家蚁终于退却。这些兵蚁提防着大腮不要被家蚁攀住，同时努力想咬它们的背部。若项颈被它的大腮一轧，家蚁的头一定滚落。但是若大头蚁的兵蚁和家蚁，个对个相打，胜利倒在家蚁，尤其是家蚁咬住大头蚁的大腮时，它因为眼睛看不到，无法抵抗。即使家蚁退到巢里，大头蚁的兵蚁占据了这巢，但结果还是由许多工蚁，将它们尸体拉回巢去。

据福来尔博士的研究，蚁的战斗本能，不是先天的，因为青年蚁毫无战斗能力。蚁能够分辨敌人和同伴，也是之后的事。这种辨认的根据，大概以身体上固有的臭气为主，而青年蚁是没有臭气的。战斗性的强弱和集团的大小有直接关系，因为敌己两只蚁在路上相遇时，也不争斗，互相避开，各向一方走去。在战斗中，双方各取出一只，放入同箱中，也不争斗。反之，若双方各取几只，放入同箱中，便起争斗，但不激烈，而且时间不长，不久，就结同盟了。

法国文豪罗曼·罗兰曾发表一篇题名《到蚁那边去》的著作，里面有这样一段，就引来做本节的结尾：

本能这种东西，不是进化的出发点，是中途产生的；换一句话说，本能也随时代进化的；战斗的本能，不是根深的原始的东西，蚁类里面，尤其有战斗蚁的种类，常有本能训练和改进。不想，人们本以为自己君临一切，但比人类社会更进步的蚁类社会中，有许多可学的地方。只要人们肯把尘埃满布的窗子推开就好了。

十　犯罪

蚁类中也有靠种种犯罪行为而过活的。最明显的，是一种抢劫的强盗生活，就是当某种蚁采集了食物，正待运回家去的时候，突然拦其去路、抢劫食物的犯罪生活。香蚁社会中，大多过这种生活的都栖息在农蚁附近，强夺它们采集来的食物。

它们什么时候学会的强盗生活呢？这并不是原始的生活样式，大概偶然在某时学得的。而且，这些蚁也不是专靠抢劫的。它们有时拾取别种蚁采来的食物残屑，也有自己到森林中去吃蚜虫的甘露。它们起初把抢夺作为副业，后来因为这种生活，实在得意，于是荒废本业，发展起副业来了。

二节蚁和香蚁中的他批纳买蚁（*Tapinoma*）常常攀登在叶上，等待赤蚁们争斗而死，然后把尸体运回家去。大概因为它们是弱者，无力抢劫吧！所以不是纯粹的强盗生活。

偷窃生活比抢劫生活要复杂得多。最初发现蚁类中有这等现象的，是福来尔博士。就是某种微小的黄蚁，在异种大蚁福尔米加蚁的巢旁造一个巢，再开通一条细的隧道，从隧道去偷大蚁的孩子吃。这隧道不妨称为盗径，因为细狭得很，大的赤蚁黑蚁不能通行，因此无法攻击小蚁。它们即使发现自己的孩子已在盗径中被拖去，也束手无策，徒唤奈何。这种小黄蚁，是紫来纳蒲西斯（*Solenopsis*）属的一种。除此以外，别种小蚁，也有同样作杀儿行为的。

十一　畜牧

我们人类为了要取肉、乳、毛等而畜养牛、猪、羊，有些为了取蜜而养蜂。蚁类社会中，也有相像的行为。庭前的蔷薇上，有蚜虫缀着，主人便要慌忙驱除，但竟有帮助作恶者的，这就是蚁。蚁拼命照顾蚜虫，为了要吃它分泌的蜜。

保护蚜虫的蚁有两种：一种是黑蚁，照料蚜虫，用长长的吻（有的吻比身子长两倍）插进树皮吸液汁，自己领受甘露，作为劳力的报酬；一种是黄蚁，不大到地上来在树根上造巢，将大的蚜虫，养在巢内。

一到夏天，蚜虫常想沿着树根爬上去。当它们爬到树根附近，黄蚁就在它周围建造泥墙，预防外敌侵害，有时将蚜虫拉到树皮下面。若有顽皮孩子去捣毁窠穴，蚁们便急忙拖住蚜虫，向安全地带逃。有时蚜虫把长吻插进树皮后，一时拔不出来。工蚁们便一齐动手，帮它拉出。

放牧蚜虫的蚁

此外像美国的某种举腹蚁（*Cremastogaster*），常在松枝间造一个马粪纸似的巢，在里面养一种介壳虫，吸食从管状突起分泌出来的甘蜜。澳洲有一种尼的头斯蚁（*Nitidus*）用木片在树干上造一条厚厚的隧道，在里面畜牧木虱——木虱和蚜虫相似，除能够跳跃外，触角的末端二分，也能从肛门分泌甘露，为蚁所嗜。至于小灰蝶的幼虫，受蚁的保护，前面已经讲过，这里就省略了。

蚁这样饲养昆虫，吸取甘露，实在和人们的畜牧养蜂相仿佛。

十二　农业

蚁还会巧妙地经营农业，最闻名的是北美的美国得克萨斯州和墨西哥产的农蚁。

这种蚁能够栽培叫“蚁米”的一种植物——和燕麦相似。它们的栽培法，是将巢周围的杂草刈去，只留着“蚁米”，等待它长成结实。当这植物果实成熟时，就收获运进巢内，贮藏在一定的房间里。虽然原始，但确实是一种农业。

这种蚁还爱吃坚硬的果实。不过这些果实一抽芽，就丢到巢外去。从前有人认为是蚁在播种，经种种研究，方才知道蚁厌恶这种发芽的果实，所以丢弃的。

此外，收获种种谷物的蚁也颇不少。尤其是北美、南美、非洲等地，有种种有趣的蚁。据说有一种蚁，常把贮藏的谷物，搬到巢外去晒燥，和我们晒谷一样。

此外还有经营特种农业，栽培菌类的蚁。这种蚁叫切叶蚁，产在南美，用树芽造成菌园，栽培一种菌类。它们的巢中有大小两种工蚁。小工蚁外出去切取青的树叶，运回巢来。这时，它们

切叶蚁搬运树叶

用口咬着叶片的一端，旗帜似的竖在头上，排成了长长一行走去。到巢后，交给大的工蚁。大工蚁将它细细嚼碎，放在特别的房内。若巢上有自然发生的菌类，那就要由小工蚁负责照料。

菌园中也有杂草和杂菌发生，所以这劳动者也颇有点辛苦。不久，菌丝渐渐伸长，尖端像圆瘤似的膨大，里面有许多富于蛋白质的养分。这就是蚁的食物，也是幼虫唯一的食物。这样造成的菌园，面积占全巢四分之三。蚁类的农业，实在发达得可叹。

十三　奴隶

蚁类社会中，值得大书特书的，就是使用奴隶。畜奴的蚁也不少，最有名的是武士蚁。它们把日本弓背蚁作奴蚁，由奴隶们替它造巢、采食、养育孩子。因为奴隶的寿命，只有三个月左右，所以它们不得不常常出去捕捉奴隶来代替。充当奴隶的蚁，并不固定，总之，被征服的，就有做奴隶的命运。奇妙的是，它们决不捕掳成虫，因为不能和主蚁同居，而且常要逃走。那些忠实的奴隶，都是由捉来的幼虫和蛹化成的。在它们巢里长大的成虫，忘记了自己的身份，服从命运，替主蚁造巢养育孩子，采办食物。不论怎样，它们决不会要求解放和自由的。

这些奴隶的职务，不必听从主人命令来分配，它们也和别巢的工蚁一样，是一种机器人。它们的操作，当然不是被什么“不劳无食”的法律束缚，它们不过是比驮人载货的牛马更进一步的“机械”：外出，替主蚁采集食物，搬运回巢；在内，将食物喂给主人，忠心耿耿，绝不偷懒。有时奴隶被主蚁带着，去征伐自己同族的巢，攻进去，掠夺孩子和蛹，这时，它们不知道俘虏中有自己的兄弟姊妹在内，只盲目地跟着主蚁去做。这是一个有生命的“机器人”，人情、道德、法律、习惯，什么都不知道。

主蚁叫饥时，奴隶立刻走来喂它。武士蚁因此养成一种依赖的习惯，若奴隶不在跟前，哪怕有这样的食物，自己都不会吃。所以若把它放在高高的树枝上，没有奴隶，它只好饿死。

关于使用奴隶，也有一时的、永久的、退化的三种：

一时的使用。这种主蚁，只偶尔去捕捉几回奴隶，若没有奴隶时，也会独立生活。这种形式，在使用奴隶的蚁类中，算是幼稚的，未发达的。某种赤蚁的使用奴隶，就是一时的使用。它们每年举行两三次的奴隶狩猎，早上出发，傍晚回来。被捉去当作奴隶的，是广布全世界的日本弓背蚁。

当赤蚁征伐日本弓背蚁的巢穴时，常呈直线进行，从不迂绕的，好像预先侦探过似的。在前锋的赤蚁，到达日本弓背蚁的巢后，在全体未到齐前，决不着手侵入。于是，日本弓背蚁纷乱起来，衔着孩子出巢，想突围而走。不久，因为赤蚁要抢孩子，不免有一场肉搏。但是，日本弓背蚁到底敌不过赤蚁，赤蚁乘胜涌入巢里，抢夺日本弓背蚁的孩子和蛹。循着原路回来时，嘴里都衔着孩子和蛹，列队而行。这些掠来的孩子中，也有将来可成女王和雄蚁的。这些都被它们吃完，只留下可成工蚁的。不久长成，就是奴隶。

真奇怪的，从妈妈手中被抢去的孩子，真所谓“不念生恩念养恩”，拼命替主蚁操作。不过，蚁类中的奴隶和人类间的奴隶，大不相同，没有束缚自由、强迫工作等事，它们已是窠里的一分子，生活的样式是平等的，生活权也是平等的。

永久的使用。像武士蚁这样大腮退化成针状，专作战斗时的武器用，不能营巢、育儿，连食物都不会自己吃，故必须永久地使用奴隶。这种武士蚁，欧洲常能见到，在亚洲也分布很广。它们捕获奴隶的远征，总在午后进行，而且充奴隶的，也是日本弓背蚁。使武士蚁口器这般退化的原因，是像拉马克氏所说，是使役奴隶的结果呢，还是像吉弗利斯氏所说，是突然变化而成的呢？现在大家还在争论不决。

退化的使役。欧洲有一种威蚁，大腮变化，末端同镰刀似的尖锐，将家蚁作为奴隶，它们常在夜里带着奴隶，出发征伐家蚁。而冲锋陷阵的，全靠这班奴隶。真不懂，这样弱的威蚁，在原始时代，怎样征服强的家蚁，怎样使用它们的呢？有一种威

蚁，已经不捉奴隶，纯粹过寄生生活了。所以，使用奴隶的那种威蚁，若退化状态再稍稍进展，该有什么结果，总也想象得到。这种就叫作退化的使役。

蚁类社会中最和我们人类社会相像的，就是这种畜奴制度，是在别的生物界中所不能看到的特殊现象。主蚁和奴隶间服务情形，也大有差别，某种奴隶，反而受主蚁不少的帮助，像那种赤蚁的奴隶，看去好像颇为快乐似的，反之，武士蚁的奴隶，则颇为辛苦，不论巢内巢外，全要服役。

奴隶是主蚁的重要财产、手足、工具、机械，故主蚁也周密地保护它们，当搬家时，也把它们衔了走。

十四　贮蜜

蚁类中，也有像蜜蜂一般，采集花蜜而贮藏的蜜蚁。

蜜蚁的工蚁有两种：一种和普通的工蚁一样，是劳动者；一种肚子大得很，完全是贮蜜的桶。普通工蚁外出去，孜孜不倦地活动，从草木等吸蜜回来，嘴对嘴地将蜜交给贮蜜蚁，贮蜜蚁将蜜藏入囊中，贮蜜越多，肚子越膨胀，最后变成一个圆球。

贮蜜蚁住的房间有一定的空间。凡肚里装满了蜜的，就挂在天花板上，看上去真像一排排的葡萄。有时从天花板上落下来，自己无法爬上去，于是许多工蚁，一齐动手，将它扛上去。

那么这许多蜜是从哪里采来的呢？大部分不是从蚜虫身上榨取的，就是从有几种寄生小蜂的幼虫在树叶上造成的虫瘿采集来的。这种虫瘿，夜里分泌甘露，蚁去舔舐，装得满肚回巢。

这种蚁住在美洲和非洲的沙漠地方，或干燥期很长，一时无法向外界求蜜的地方，所以劳动蚁趁有蜜的时候，拼命采集，交给贮蜜蚁保存。到外界无蜜时，巢内的蚁，都到贮蜜蚁的房间里来求蜜，于是，贮蜜蚁的人员，立刻嘴对嘴吐出蜜来喂它们。

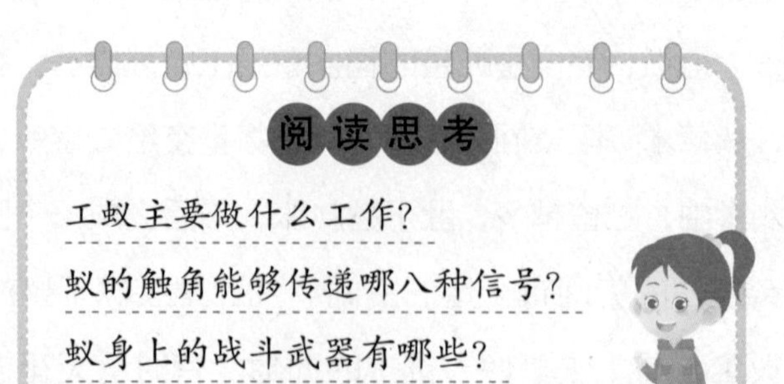